大话量子通信

张文卓◎著
Sheldon 科学漫画工作室◎绘制

人民邮电出版社

北京

图书在版编目（CIP）数据

大话量子通信 / 张文卓著. -- 北京 ：人民邮电出
版社，2020.6
（新大话信息通信丛书）
ISBN 978-7-115-53559-7

Ⅰ．①大… Ⅱ．①张… Ⅲ.①量子力学－光通信
Ⅳ．①TN929.1

中国版本图书馆CIP数据核字(2020)第045614号

内 容 提 要

本书介绍了量子力学的发展历史，回顾了人类的第一次信息革命，展望了以量子通信和量子计算为代表的第二次信息革命。并先后介绍了量子通信各分支的原理、量子通信实用化进程、"墨子号"量子科学实验卫星，以及澄清了一些对量子通信的误解。

本书适合对量子通信感兴趣的广泛读者阅读，可作为量子通信领域从业人员的入门读物，也可作为学生的课外科普读物等。

◆ 著　　　　张文卓
　　责任编辑　李　强
　　责任印制　彭志环
◆ 人民邮电出版社出版发行　　北京市丰台区成寿寺路 11 号
　　邮编　100164　电子邮件　315@ptpress.com.cn
　　网址　https://www.ptpress.com.cn
　　北京七彩京通数码快印有限公司印刷
◆ 开本：800×1000　1/16
　　印张：13.25　　　　　　　　2020 年 6 月第 1 版
　　字数：151 千字　　　　　2024 年 12 月北京第 15 次印刷

定价：59.00 元
读者服务热线：**(010)53913866**　印装质量热线：**(010)81055316**
反盗版热线：**(010)81055315**
广告经营许可证：京东市监广登字20170147号

前　言

非常感谢人民邮电出版社邀请我写这本《大话量子通信》，很荣幸成为《新大话信息通信丛书》的新晋一员。

我在读博士及做博士后期间从事的是量子光学和冷原子物理领域的工作。冷原子是实现量子信息中量子精密测量的一个重要手段，例如，我的博士课题就是星载冷原子钟的核心技术漫反射激光冷却原子。后来，这个技术经过日积月累已经趋于完善，计划在下一代北斗导航卫星上进行测试和应用。同时冷原子系统也是量子计算的众多实现方案之一，有望实现高温超导原理的量子模拟。

2014 年 9 月，我结束了在丹麦国家量子中心的博士后工作，回国加入了中国科学技术大学上海研究院的中科院量子信息与量子科技创新研究院。在这里，我开始系统性地投入量子通信领域的研究和产业化工作之中。这些年来，我有幸见证了同事们夜以继日地研制"墨子号"量子科学实验卫星，以及"墨子号"的发射升空后开展的艰苦卓绝的实验，最终让中国在空间量子通信领域拥有了明显的领先地位。

这一阶段我为量子通信的宣传做了很多工作，撰写了很多时效性的科普文章，这些内容横跨量子通信和量子计算领域，在互联网的很多平台上得到了广泛的传播，其中有《划时代的量子通信——写给世界第一颗量子科学实验卫星"墨子号"》《阿里巴巴投资研究量子计算，有什么用？》《获得国家自然科学一等奖的"多光子纠缠和干涉度量学"是什么？》《真假美猴王剧情如果反转，

量子力学怎么看？》《关于中美"量子霸权"之战，库叔强烈推荐这篇烧脑的文章！》等。

由于本书面向的读者群体十分广泛，大部分非物理专业的读者对"量子"这个词不是十分了解，因此第1章主要介绍了"量子力学"的发展历史；第2章介绍了当今世界各种信息技术背后用到的量子力学原理，希望读者们能够正确地了解"量子"一词；第3章和第4章分别介绍了第一次信息革命和第二次信息革命的内容，相互可作为对比，让读者看到整个信息技术发展的全貌，以及量子通信在第二次信息革命中的定位。

从第5章开始，本书集中介绍量子通信核心内容。第5章介绍了量子通信各个分支的基本原理和现状；第6章进一步介绍了已经实用化的量子通信技术的原理和在世界各地的应用情况；第7章集中介绍了我国的"墨子号"量子科学实验卫星，即世界上第一颗空间量子通信卫星的系统组成和功能；第8章直接面对其他领域对量子通信的争议，澄清了很多对量子通信的误解。

2019年年底，在刚刚完成本书写作的时候，我怀揣着实现国产高端通用科研仪器的目标离开了所在团队，开始了艰苦的创业过程，自然也希望在量子信息产业化的道路上做出自己的贡献。这个从学术界走向产业界的转型离不开诺伊斯等物理学家塑造硅谷的故事对我的鼓舞，相关故事可见本书第3章"硅谷传奇"一节。

由于量子通信是新兴的科技前沿技术，再加上作者能力有限，本书内容难免有所疏漏，欢迎各位读者、专家不吝赐教。

最后，感谢科大国盾量子技术股份有限公司、国科量子通信网络有限公司、中国科学技术大学上海研究院墨子沙龙为本书写作提供的帮助。

　　谨以此书献给我还未满周岁的儿子张佳信，希望他成年后就能享受到量子信息革命的丰硕成果。

张文卓

2020 年 3 月于北京

目　录

Chapter 1
第 1 章
什么是量子

本书书名为《大话量子通信》，那么首先就需要解释"量子"这个词的来龙去脉。随着量子通信、量子计算等量子信息科学技术的迅猛发展，量子这个物理学名词已经受到全社会越来越多的关注。以至于在物理学和量子信息科技之外，出现了诸如"量子水""量子理疗""量子针灸""量子鞋垫"等和量子毫无关系的虚假营销，就如同 21 世纪初"纳米"这个词所承受的虚假营销一样。

实际上"量子"这个词在物理学中已经有了一百多年的历史，而且它几乎主宰了整个现代物理学。本章的第 1 节将仔细澄清"量子"这个概念，进而区分它和光子、电子、夸克、中微子这些基本粒子。

本章的第 2 节将回顾从马克斯·普朗克（Max Planck）、阿尔伯特·爱因斯坦（Albert Einstein），到尼尔斯·玻尔（Niels Bohr）这些著名物理学家建立的早期量子理论的历史，讲述他们如何发现微观世界的物理本质是量子的，他们的理论如何为"量子力学"的最终建立奠定了基础。

本章的第 3 节将介绍量子力学的历史，从维尔纳·海森堡（Werner Heisenberg）的灵光一现，沃尔夫冈·泡利（Wolfgang Pauli）的感悟，到埃尔温·薛定谔（Erwin Schrödinger）写下他的方程，马克斯·玻恩（Max Born）给出合理解释，最后到保罗·狄拉克（Paul Dirac）的集量子力学之大成并与狭义相对论相结合。他们合力完成了物理学历史上最重要的一次革命。

本章的第 4 节将介绍 20 世纪的物理学家们如何在量子力学的基础上几乎构建了整个现代物理学，无论是自上而下发现一个又一个基本粒子，还是自下而上发现一种又一种量子现象，量子力学不但深刻地改变了物理学，也深刻地改变了世界。

 # 1.1　量子约等于现代物理学

1.1.1　世界是由量子组成的

物理学家理查德·费曼（Richard Feynman）曾经说过，如果人类现代文明毁灭了，只能够留下一句话给后世人类，应该留下哪句话？他选择了"世界是由原子组成的"这句话，因为这句话揭示了世界是可以分解为最小组成单元的，代表了物理学中刨根问底的"还原论"思想，也是人类科技最重要的认识。

"世界是由原子组成的"，这是源于古希腊伟大的唯物主义哲学家德谟克利特（Democritus）的思想，长期以来只能作为哲学思辨而存在。自 17 世纪艾萨克·牛顿（Isaac Newton）建立了经典物理学并提出了微粒学说以来，18 世纪约翰·道尔顿（John Dalton）根据化学反应的现象提出了全新的原子论，同时路德维希·玻尔兹曼（Ludwig Boltzmann）发现只有认为世界是由原子组成的，统计物理学才能成立。随着 19 世纪末约瑟夫·约翰·汤姆逊（Joseph John Thomson）发现了电子，物理学家开始畅想原子是什么样子。20 世纪初，欧内斯特·卢瑟福（Ernest Rutherford）的团队发现原子是核式结构，而正是此时，物理学家们发现经典的牛顿力学已经无法解释原子的稳定性了。

20 世纪初，普朗克发现只有电磁波（光）是量子化的，才能解释黑体辐射现象，5 年之后，爱因斯坦把这个思想用在了解释光电效应上，一举解决了自牛顿以来光的微粒说和波动说的争端。又过了 10 年，玻尔用了源自普朗克的量子化思想，解决了原子的稳定性问题。这就是早期的量子理论，本章的第 2 节将介绍这段历史。而随后发展的量子力学，不但彻底解决了原子的稳定性，而且也一步步揭示了原子是由更基本的不可分割的粒子组成的，即"基本粒子"，其中夸克组成了质子和中子，质子和中子组成了原子核，原子核和电子组成了原子，具体如图 1-1 所示。本章的第 3 节将介绍量子力学的历史。

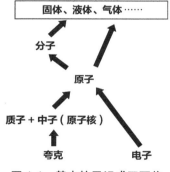

图 1-1　基本粒子组成了万物

"量子"和光子、电子、夸克、中微子等基本粒子，以及原子、分子等复合粒子的概念不在一个层面上，它是一个更为广泛和基础的概念。量子力学告诉我们在微观世界中，很多物理量，如能量、动量、电荷等，都有一个不能再分下去的最小单元，这个最小单元就叫作量子。我们的宇宙布满了各种各样的"场"，这些场的量子就是基本粒子。这些基本粒子构成了质子、中子、原子、分子等各种各样的复合粒子，进而构成了我们的宇宙万物。从根本上说，这个世界是由量子组成的。

因为每一种基本粒子必定携带多个最小的物理量单元，于是量子这个词可以涵盖所有的基本粒子，同时也能涵盖那些带有一些最小物理量的复合粒子，因此我们可以放心地把"世界是由原子组成的"这句话改为"世界是由量子组成的"。

当然量子的神奇远不止于此，在微观世界中，经典力学不再适用，我们需要用"量子力学"来描述量子叠加态，以及波动性和粒子性的统一。20 世纪初建立的量子力学是物理学史上最重要、最彻底的一次革命，量子力学和相对论也被誉为是现代物理学的两大支柱，但是由于量子力学的研究内容和相关领域要远多于相对论，支配了从基本粒子到宇宙繁星的各个方面，并且催生了人类的第三次科技革命（信息革命），因此"量子"这个词几乎可以等同于"现代物理学"。

1.1.2　超出人类想象的量子力学

量子力学深刻地颠覆了物理学家的世界观，这可以从两个方面来阐述。第一个方面就是存在量子叠加态，这是在人类日常的世界观中无法想象的状态。人类世界观的形成离不开自己的感官，那么感官看到的物体状态，丁是丁卯是卯，说一不二。经典力学为什么容易理解？就是因为它掌控着宏观世界，完全符合人类的感官常识，让人类看得见摸得着。

但量子力学掌控的是微观世界。当我们看一个基本粒子的时候，它就不是

一个小颗粒了，而是一个量子化的波，它其实无处不在，即同时存在各个地方，这称为波函数。这就是量子叠加态的一种表现，即波函数是坐标空间本征态的一种叠加。所以当我说"一个基本粒子的大小是一个无限小的点，但是它同时存在于整个空间"时，听起来是多么不可思议，但是量子力学却告诉我们这是基本粒子真正的性质。在量子力学中，位置的叠加已经很不可思议了，而其他如动量的叠加、能量的叠加，更比比皆是。而"量子纠缠"就是量子叠加的一种，是两个或两个以上粒子组成的一种量子叠加态。当你明白了量子叠加态的存在，就不会对量子纠缠这种"遥远地点之间的诡异互动"感到不可思议了。第4章将会仔细讲解"量子纠缠"的概念。

量子力学与经典力学的关系可以理解为本质和现象的关系。所有的基本粒子都遵守量子力学，它们组成的原子、分子也要遵守量子力学，当原子越来越多，分子越来越大，系统变得越来越宏观，一些相互作用会导致量子特性逐渐被平均掉，我们称之为退相干，这种情况就可以用经典力学来描述了。换句话说，经典力学是量子力学到宏观状态的近似，物质世界本质上的存在方式是量子力学。《生活大爆炸》里的主人公谢尔顿（Sheldon）有一句台词，大概意思是他对量子力学感到兴奋，因为发现量子力学如同看到了赤裸的宇宙。从经典力学到量子力学的革命，如同拨开了宇宙万物神秘的外衣，看到了最真实的宇宙。

量子力学改变人类世界观的第二个方面就是确定性的丧失。量子力学出现之前，经典力学是完全决定论的，一切都是注定的，都是可以计算的。拿破仑时代的法国数学家皮埃尔 – 西蒙·拉普拉斯（Pierre-Simon Laplace）把这个想法发挥到了极致，他认为如果有一个非常强大的智能生命，能够知晓宇宙现在一切的状态细节，那么就可以精确地计算出宇宙未来的一切，这就是拉普拉斯妖。到了近现代，经典力学出现了非线性动力学这个分支，这里最著名的现象就是混沌现象，尽管混沌现象看起来像是随机的，但实际上混沌现象的定义是"确定性系统展现出的随机现象"，它的本质还是一个决定性的系统，只是对初值非常敏感。如果宇宙完全按照经典力学来运行，那么一切都是确定系统、都是决定好的，人就像机器上的零件一样，没有自己的思考，现在的一切都无从谈起。

　　只有在量子力学里才出现了真正的随机性。尽管一个量子叠加态可以按照薛定谔方程确定性地演化，但是演化的是这个叠加态投影到各个本征态上的概率。测量可以按照这个概率使量子态瞬间塌缩到其中一个本征态上。这个量子测量塌缩传递到宏观尺度，就使我们的宇宙充满了随机性，这是经典力学没有的随机性。早期宇宙量子涨落的随机塌缩导致了各个星系处于现在的位置。早期地球上有机分子按照量子力学随机塌缩的一次次组合出现了生命，生命的 DNA 分子复制时按照量子力学随机塌缩（如被宇宙射线击中）产生了变异，再经过自然选择实现了生物演化，直到出现了人类。总之，量子力学给了你一个微观上随机的，宏观上也不是一切都确定好的未来，让你可以通过现在的决定改变未来的命运。

1.2　早期量子理论

　　本节我们回顾一下早期量子理论，也就是"量子"这个概念的历史。

1.2.1 两朵乌云

让我们把时钟拨回 19 世纪末。

经典物理学以 17 世纪牛顿力学作为开始，在基础理论层面，经过 18 世纪拉格朗日（Lagrange）和 19 世纪哈密顿（William Rowan Hamilton）建立的分析力学、经典力学得以完善。在现实模型层面，19 世纪建立的热力学经过玻尔兹曼和约西亚 · 威拉德 · 吉布斯（Josiah Willard Gibbs）等人的发展成为统计物理学；18 世纪的电磁学经过 19 世纪迈克尔 · 法拉第（Michael Faraday）和詹姆斯 · 克拉克 · 麦克斯韦（James Clerk Maxwell）的发展，尤其是麦克斯韦方程组的建立，成为电动力学。至此，经典物理学已经趋于完善，以至于让当时多数物理学家觉得物理学已经趋于完善了，于是开尔文勋爵（Lord Kelvin）发表了著名的"晴朗的天空飘着两朵乌云"的论断。

开尔文勋爵把基本完善的经典物理学称作晴朗的天空，把"迈克尔逊—莫雷实验"（Michelson–Morley Experiment）和"黑体辐射瑞利—金斯"（Rayleigh-Jeans）公式的紫外发散比作两朵乌云。这两朵乌云都和光有关，也就是麦克斯韦方程组中的电磁波解，即无线电（可见光和无线电的区别只是频率不同，或者说波长不同）。

迈克尔逊—莫雷实验的初衷是为了证明"以太"的存在，即假设光在真空中传播需要的一种介质，一个绝对静止的参考系。如果"以太"存在，地球绕着太阳运动，那么太阳光在不同的季节相对地球以不同的速度照射过来，势必导致地球上测量到不同的光速。但是迈克尔逊和莫雷的光干涉实验发现，无论季节怎样变换，即地球相对太阳光无论怎样运动，他们测到的光速始终是不变的（完全符合麦克斯韦方程组的预言）。这个实验不仅否定了这种绝对静止的"以太"存在，更是完全脱离了经典力学，因为经典力学采用的是伽利略（Galilean）变换，不会允许在不同的参照系内都存在一个同样的光速。1905 年，伟大的爱因斯坦选择了光速不变作为原理，摒弃了经典力学的时空观，认为时间和空间不再是绝对不变的，而是和物质运动紧密相连的，于是用洛伦兹变换取代了伽利略变换，宣告了狭义相对论的诞生，如图 1-2 所示。

图 1-2　爱因斯坦发现狭义相对论

我们来看另一朵乌云，即黑体辐射瑞利—金斯公式的紫外发散。黑体辐射指的是一个物体如果能吸收全部照射过来的电磁波，那么它就是一个"理

想黑体"。这个黑体只要具有温度，就会向四周辐射出电磁波，其频率分布是黑体温度的函数。实验发现，只要黑体的温度确定，那么黑体辐射的频率分布从绝对零度开始应该是先增后减，最大值处在黑体的温度附近，越往高频辐射越小。但如果我们从经典的统计物理出发来解释黑体辐射，就会推导出瑞利—金斯公式，它在长波的时候和实验结果比较符合，但是在短波方向就一直增加上去，和实验完全不符（紫外线指的是比可见光频率更高、波长更短的电磁波，因为紫光在可见光中是波长最短的。于是紫外线这个词引申为更短波长的电磁波）。此外，威廉·维恩（Wilhelm Carl Werner Otto Fritz Franz Wien）也通过实验数据总结出了维恩辐射定律，但是只在短波范围内有效，在长波范围内和实验相去甚远。这一朵乌云也暗示着必须舍弃经典物理学的某些方面。

1.2.2　普朗克和量子

1900年，德国物理学家马克斯·普朗克（见图1–3）在《物理学年鉴》（由德国物理学会出版，当时国际最权威的物理学期刊）上发表了一篇划时代的论文，这篇论文第一次提出了"量子"的概念，即把电磁波的能量当作非连续的，而是一份一份的。对于频率为ν的电磁波，这一份能量为hν，其中，h为普朗克常数。这一份能量就是电磁波在频率ν下的最小能量。随着频率的不同，这个最小能量也不同。普朗克称这个最小能量为"量子"（Quantum）。

普朗克引入的量子概念成功解释了黑体辐射，理论公式和实验得到了完美的契合，使他成为引入量子理论的第一人，并最终获得了 1918 年诺贝尔物理学奖。但是普朗克没有把这一步走得更远，而是把"量子"当成了一个辅助计算的方法，并非真的认为电磁波的本质是量子化的。如普朗克常数 h 就来自德语 Hülfe（辅助）。也许普朗克当时没有足够的胆量来放弃经典物理学。而有足够的智慧和胆量的人就是伟大的爱因斯坦。

图 1-3　马克斯·普朗克（Max Planck）

1.2.3　爱因斯坦和光电效应

1905 年是爱因斯坦（见图 1-4）的奇迹年，当时爱因斯坦从苏黎世联邦理工大学（ETH）物理系毕业 5 年，一边在伯尔尼专利局工作，一边读着苏黎世大学的在职博士。这一年他在《物理学年鉴》上一连发表了 5 篇论文，彻底颠覆了经典物理学。这其中最重要的就是 3 篇建立了狭义相对论的论文，然后就是一篇用普朗克的量子假说解决了光电效应的论文。

图 1-4　阿尔伯特·爱因斯坦（Albert Einstein）

光电效应是一个无法用经典物理学解释的现象，就是光（电磁波）的频率必须高到某个值时，照射到某个材料上才会有电流出现。当光的频率低于这个值时，无论怎样增加光强，都不会有电流产生。

19 世纪，光学中大量的干涉衍射实验使得光的波动学说一直占据上风，后来又进一步发现，麦克斯韦方程组预言的电磁波就是光。同时，19 世纪末，英国物理学家汤姆逊发现了组成电流的电子，因为电流变成的阴极射线会在电场和磁场中发生偏转。对于电流来说，因为道尔顿的原子论，物理学家们一直相信微粒说，认为它是来自原子中的带电颗粒。根据电动力学，电磁波靠增加能量就可以让电子运动起来，无论如何也不会出现光电效应的频率敏感性。

爱因斯坦看到了普朗克的量子假说后，更进一步地认为，电磁波本质上就是由一份一份的能量组成的，他称为光量子，也就是光子（Photon）。每个电子一个一个地吸收光子或辐射光子。根据普朗克的量子假说 $E=h\nu$，如果频率 ν 太小，原子中的一个电子吸收了能量 $E=h\nu$ 的光子，这个能量不足以让这个电子跳出原子，变成自由电子组成电流。只有让电子吸收频率 ν 比较大的光子，电子才会跳出来变成电流，这样就完美地解释了光电效应。

爱因斯坦的光量子理论不仅说明光（电磁波）的能量可以量子化，动量也可以量子化，即 $p=h/\lambda$，λ 为光的波长。这个理论也让牛顿的光的微粒学说回归，统一了光的波动学说和微粒学说，即光同时具有了波动性和粒子性，称为"波粒二象性"。

爱因斯坦获得 1921 年诺贝尔物理学奖，他的工作就是解释光电效应，但这个工作在他的成就中要屈居狭义相对论和广义相对论之后，只能排第三位。可以说爱因斯坦是历史上唯一一位值得获三次诺贝尔奖的人，错过相对论是诺贝尔奖的遗憾，不是爱因斯坦的遗憾，他的贡献要远远超出诺贝尔奖。

1.2.4　玻尔的原子模型

1911 年，卢瑟福团队实验发现原子并非之前物理学家们想象的电子镶嵌在正电荷球中那样（如同葡萄干镶嵌在面包中一样），而是正电荷集中在非常小的中心区域，大小只有原子体积的十万分之一，而电子在周围环绕着它。从经典物理学理解这个模型，会发现原子不可能稳定，因为环绕着原子核的电子会不断辐射出电磁波，从而损失能量，最后掉在原子核上。

1915 年，丹麦物理学家玻尔（见图 1-5）利用普朗克和爱因斯坦的理论解决了这个问题。如果电磁波是量子化的，那么电子只能在固定的轨道上运动。轨道之间有能量差，只有光子的能量满足这个能量差时，电子才会吸收它，并从一个轨道跳到另一个轨道（跃迁）。如果光子的能量不能满足这个能量差，电子就不会吸收它，保持在自己的轨道上，从而使得原子稳定。玻尔凭借他的原子模型获得了 1922 年诺贝尔物理学奖，获奖时间紧随爱因斯坦。

图 1-5　尼尔斯·玻尔（Niels Bohr）

玻尔的原子模型远称不上完美，但是他第一次把量子理论从光扩展到了物质上面。20 世纪 20 年代，玻尔从嘉士伯啤酒公司要来大量赞助，在哥本哈根大学物理系成立了理论物理中心，用丰厚的待遇网罗全世界最优秀的年轻物理学家们来短期工作，为量子力学的最终建立立下了汗马功劳，因此大家都推举他为量子力学的领袖，本章第 3 节将介绍量子力学的诞生过程。为了纪念玻尔，哥本哈根大学物理系同时称为玻尔研究所，如同剑桥大学物理系同时具备卡文迪许实验室这个名称一样。

1.2.5 德布罗意的物质波和泡利的不相容原理

1923 年，正在巴黎大学读博士的法国物理学家路易 · 维克多 · 德布罗意（Louis Victor de Broglie，见图 1-6）发表了一系列论文，提出了"物质波"的概念。他认为既然爱因斯坦发现光具有波粒二象性，为什么不大胆一点，更进一步认为电子也具有波粒二象性，也就是说电子本身也是波，是一种物质波。这个假设可以说明玻尔原子模型中电子为什么具有一些稳定的轨道，因为这些都是电子波长的整数倍。

图 1-6 路易 · 维克多 · 德布罗意（Louis Victor de Broglie）

德布罗意的假说很快被电子衍射实验证实，并获得了 1929 年诺贝尔物理学奖，但这不是最重要的影响。在他提出物质波假说的 3 年后，即 1926 年，薛定谔受到他的启发，写下了量子力学最著名的方程——薛定谔方程。

网上一直谣传德布罗意的博士毕业论文只有三页，这其实是一个彻底的谣言。德布罗意的博士毕业论文总共有一百多页，放在今天也不算少了。

1925 年，年仅 25 岁的奥地利物理学家沃尔夫冈·泡利（Wolfgang Pauli，见图 1-7）提出了泡利不相容原理，即在一个电子轨道中，电子的 4 个量子数不能完全相同。这个原理说明了为什么原子里面一个轨道最多只能占据两个电子，并且解释了原子的化学性质从何而来。但是泡利在物理学界的光芒很快就被他的同门师弟海森堡掩盖了，因为那一年，正好是量子力学诞生的时候，而泡利不相容原理仅仅是量子力学的一个推论。

图 1-7　沃尔夫冈·泡利（Wolfgang Pauli）

1.3　量子力学的诞生

在普朗克、爱因斯坦、玻尔等人的早期量子理论的启发下，物理学史上最重要的一次革命——量子力学将正式登场。

1.3.1　海森堡的矩阵形式

谁是继爱因斯坦之后最伟大的物理学家？如果有人回答是斯蒂芬·霍金（Stephen Hawking），那么可以断定他对物理学一窍不通。如果有人回答是杨振宁，那么可以把他当成是网络软文的受害者；如果有人回答是尼古拉·特斯拉（Nikola Tesla），就把他当作笑话吧；如果有人回答是薛定谔或者狄拉克，那么他很可能学过物理专业课；如果有人回答是海森堡，那么他至少对现代物理学的发展史有了一定的了解。

1901 年，海森堡出生在德国巴伐利亚州（德语叫拜仁州，就是拜仁慕尼黑队的拜仁）沃尔兹堡。海森堡自幼就显示出超常的天赋，成绩一直出类拔萃。海森堡青少年时代经历了第一次世界大战，德国作为战败国，经济受到严重的摧残，物资缺乏，当时处于青春期的海森堡一度营养不良。1920 年，海森堡进入慕尼黑大学，主修理论物理专业。海森堡在慕尼黑大学的导师就是阿诺德·索末菲（Arnold Sommerfeld），他是一个培养出 4 个诺贝尔奖获得者（包

括海森堡和泡利），自己却终身没有获得诺贝尔奖的物理学家，如图1-8所示。

图 1-8　索末菲和玻尔

起初索末菲给海森堡的课题是流体力学方面困扰物理学界多年的湍流问题。在这个问题上海森堡第一次展现了他在物理学史上独一无二的直觉，猜出了一个近似解（后来发现的严格解和海森堡的近似解非常相近）。但是这并不是海森堡的兴趣所在。他的师兄泡利告诉他，相对论已经被爱因斯坦一个人建立得很完整了，但是玻尔的原子模型还是存在很多问题，也许你能够一展身手。

索末菲在1922年去美国做一年客座教授，就把海森堡介绍到了哥廷根大学的马克斯·玻恩（Max Born）教授那里做交换生。哥廷根大学是当时的世界数学中心，高斯（Gauss）、黎曼（Riemann），以及当时的戴维·希尔伯特（David Hilbert）、菲利克斯·克莱因（Felix Klein）等一个个闪亮的名字让这里成为全世界数学的最高殿堂。玻恩（见图1-9）是希尔伯特的半个学生，后来成为物理学的一代宗师，这是后话。

图 1-9　马克斯·玻恩（Max Born）

海森堡通过玻恩见到了远道而来讲学的玻尔，这次见面彻底改变了海森堡的人生轨迹，海森堡从此把玻尔原子模型的多个不足之处当成了自己努力解决问题的方向，而他的努力很快就彻底改变了物理学。不过在这之前，海森堡经历了一次失望的博士答辩。

1923 年海森堡回到慕尼黑，完成了他在湍流问题近似解的论文。1924年进行了博士答辩，答辩委员会除了他的导师索末菲之外，还有一位重要的物理学家维恩，就是写下黑体辐射经验公式的人——1911 年诺贝尔物理学奖获得者。维恩对海森堡的实验技能非常不满意，不予通过。而索末菲觉得海森堡是个难得的天才，应该破例。两人争执不下，最后打分，维恩给了最低的 F，索末菲给了最高的 A，平均下来，海森堡刚刚及格，通过了答辩。这对从小就出类拔萃的海森堡来说是个不小的打击，于是答辩结束的当晚，海森堡在聚会上匆匆离去，彻夜坐火车，第二天一早就来到了哥廷根见玻恩，玻恩也信守承诺留下海森堡做他的助教，这个正确的决定使得哥廷根成为量子力学的第一个诞生地。

海森堡（见图1-10）发现根据麦克斯韦方程组，电磁波（光）是周期性的，那么玻尔模型中一个绕原子核在固定轨道上运动的电子所能辐射出的光的频率，必须是这个电子绕原子核运动的频率的整数倍。这就产生了一个很严重的结果：在量子数为 m 和 n 两个轨道上，m 和 n 两个轨道间跃迁释放的光量子能量 $h\nu(m-n)$ 要等于两个能级差 E_m-E_n，同时频率 ν 也要近似为 m 轨道和 n 轨道频率的整数倍。这只在 m 和 n 都很大，且 $m-n$ 值非常小的时候成立，在其他情况下，玻尔模型就无法自圆其说，他发表的大量光谱实验数据也与玻尔模型不符。

图1-10 海森堡

1925 年夏天，海森堡不幸染上了花粉病，于是去北海的一个小岛上度假，一边疗养，一边思考着如何突破玻尔的量子理论。某一天的凌晨，海森堡突然发现如果经典力学中成对出现的力学量符合非对易的关系，譬如坐标和动量符合 $[x, p]=xp-px$ 不为零，那么原子能级的计算可以得到和光谱实验相符的结果。海森堡兴奋地回到哥廷根，将初步的想法写成论文交给了玻恩。

海森堡的出发点是把描述经典周期系统的傅里叶级数做一些改变，因为原来的傅里叶级数不会产生新的频率，而原子中能级间的频率由于可相加，新的级数自然要包含这个性质。原子系统产生 E_m-E_n 跃迁时只与这个频率 $(E_m-E_n)/h$ 共振，于是和这个跃迁相关的新的傅里叶级数的系数 q_{mn} 只包含这个频率。该系数满足一个含时的运动方程 $q_{mn}(t)=e^{2\pi i(E_m-E_n)/h}q_{mn}(0)$，从而广义坐标 X_{mn} 和广义动量 P_{mn} 的乘积可以写成两者新的傅里叶展开系数的乘积，即 $XP_{mn}=\sum_{k=0}^{\infty}(X_{mk}P_{nk})$，这样既可以满足频率相加，也可以满足非对易关系 $XP_{mn} \neq PX_{mn}$。

玻恩被海森堡的想法震撼到了，鼓励他尽快发表论文，并用自己深厚的数学功底告知海森堡，这个傅里叶展开系数可以用矩阵表示，而且和另一位助教帕斯卡·约当（Pascal Jordan）发表了一篇用矩阵来描述海森堡想法的论文。随后三人合写了一篇更完整的论文，宣告了量子力学的第一种形式——矩阵力学的诞生。

矩阵力学建立在以下几个假设上。

1. 所有的物理量均用厄米矩阵表示。一个系统的哈密顿量 H 是广义坐标矩阵 $\mathbf{X}$ 和广义动量矩阵 $\mathbf{P}$ 的函数。

2. 一个物理量 Q 被观测到的值，是该矩阵的本征值 Q_{mn}。系统能量 E_{mn}

自然就是哈密顿量 H 的本征值。跃迁频率 $Vmn = Em-En$。

3. 物理系统的广义坐标矩阵 X 和广义动量矩阵 P 满足以下非对易关系，这是我们矩阵力学的核心：$[X, P]=XP-PX=ih\times I$，其中，I 为单位矩阵，h 为普朗克常数。

一直关注着海森堡的泡利，很快就用矩阵力学计算出了氢原子能谱，符合了所有光谱观测实验的预言，点燃了整个物理学界，于是 1925 年量子力学正式诞生了（见图 1-11）。1926 年海森堡受到玻尔的邀请，来到哥本哈根大学做他的助理教授，于是玻尔成为海森堡的另一个老师，这也标志着哥本哈根取代哥廷根成为量子力学的中心。

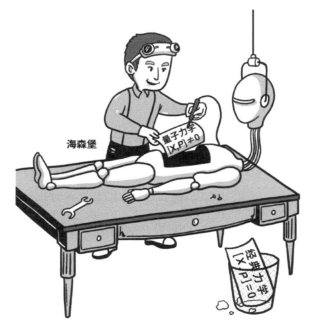

图 1-11　海森堡改变了物理学

1.3.2 薛定谔的波动形式

年轻的海森堡做出了震惊物理学界的成果，但是矩阵并不是当时物理学家们习惯使用的数学工具，因此量子力学的矩阵形式一度曲高和寡。而在苏黎世大学，一位年过四旬、风流倜傥的中年奥地利籍物理学家——薛定谔，从另一个角度建立了量子力学。

薛定谔注意到了海森堡的矩阵力学，觉得里面用了太多线性代数，缺少直观性。受到 3 年前德布罗意发表的物质波假说的启发，薛定谔尝试利用波动方程构建量子力学。经过多次尝试，1926 年，薛定谔写下了著名的量子力学波动方程：

$$ih\frac{\mathrm{d}\psi}{\mathrm{d}t} = H\psi$$

这个方程也被命名为薛定谔方程。在这个方程中，薛定谔（见图 1–12）创造性地提出了波函数的概念，认为所有的粒子都是以波函数的状态存在。薛定谔用这个方程成功地解出了氢原子能级，每个能级都对应一个波函数分布。后来玻恩给出了波函数确切的物理含义：波函数的模的平方代表发现粒子的概率。

薛定谔方程采用了物理学家们习惯的偏微分方程，一经提出就引起轰动，风头马上盖过了矩阵力学。直到今天，大多数的量子力学教材还是对矩阵力学一笔带过，重点都放在了薛定谔方程上。

图 1-12　薛定谔

此时在哥本哈根，玻尔和海森堡得知了薛定谔的波动力学，非常感兴趣，就把薛定谔请到哥本哈根做短暂的交流。根据海森堡的回忆录，薛定谔一下火车就被玻尔按在身边讨论个不停，就连薛定谔发着高烧，玻尔都没有放过他，跑到病床前和他讨论。这个短暂的交流也带来了很重要的成果，薛定谔回到苏黎世后，经过仔细演算，发现他的波动力学和海森堡的矩阵力学是完全等价的，波动力学是量子态随时间变化而力学量不变，矩阵力学是力学量随着时间变化而量子态不变。区别就是随时间变化的因子 $\exp(iHt)$ 是写进波函数中，还是写进力学量算符中。

至此，量子力学已经正式宣告完成。而早在这 21 年前的 1905 年，爱因斯坦就建立了狭义相对论，两者能够结合吗？这个问题由另一位天才物理学家——狄拉克解决了。

1.3.3　狄拉克的相对论形式

1926 年，海森堡不断地受邀到欧洲各地讲述矩阵力学。在剑桥大学，一个和他年龄相仿的博士生听过报告后，很快发现海森堡的非对易关系和经典力学中的泊松括号之间的对应，即一个经典力学到量子力学完美的对应原理的过渡。这个博士生叫保罗·狄拉克（见图 1-13），他在海森堡的启发下决定投入到量子力学的研究中。

图 1-13 保罗·狄拉克

这时薛定谔已经发表了他的方程，不过薛定谔用的是自己的方程的非相对论形式解出的氢原子光谱，如何把他的方程写成相对论形式成为当时物理学家们的挑战。首先接受这个挑战的是瑞典物理学家克莱因（注意不是哥廷根的德国数学家克莱因）和德国物理学家戈登，他们独立发现了一个方程，被称作克莱因—戈登方程（Klein-Gordon Equation）。但是他们的方程存在负能量的解，和物理现实不符，没有引起什么波澜。

1928 年，狄拉克通过引入一个 4×4 矩阵，写下了另一个相对论性的量子力学方程，即狄拉克方程。这个方程有两个惊人的结果，第一个就是可以把负

能量的解理解为反物质，即相反的电荷（以及其他所有相互作用的荷）会在方程中成对出现。第二个就是方程与电磁场耦合时，会自然地出现自旋1/2。当时电子自旋刚刚被发现，原理完全不清楚，而狄拉克方程直接揭示了电子自旋来自狭义相对论的要求，没有任何多余的假设（杨振宁因此把狄拉克方程称作"神来之笔"，这是他一生所向往的那种成就），于是狄拉克方程可以描述所有自旋1/2的粒子。当时已知的自旋1/2只有电子。狄拉克方程也和海森堡非对易关系及运动方程、薛定谔方程一样，并称为量子力学核心方程。

狄拉克的另一个贡献为费米—狄拉克统计（Fermi-Dirac Statistics），即半整数自旋粒子（如电子）所满足的量子统计，由狄拉克和恩里科·费米（Enrico Fermi）独立提出，由于稍微比费米晚了两个月，半整数自旋粒子现在都称为费米子。正是费米子满足的交换反对称性直接导致了泡利不相容原理（现在可称为定理了）。而自旋为整数的粒子（如光子自旋为1）的统计规律由印度物理学家萨特延德拉·纳特·玻色（Satyendra Nath Bose）最先提出，并在爱因斯坦的帮助下得以完成，因此整数自旋的粒子都称为玻色子，满足的量子统计称为玻色—爱因斯坦统计（Bose-Einstein Statistics）。

1932年，大洋彼岸的美国物理学家安德森实验发现了正电子，也就是电子的反物质粒子，这让狄拉克名声大振。现在很多书讲述反物质时，都会拿出"狄拉克海"来说明，不过这个解释是错误的，因为它不适用于玻色子。反物质正确的解释会在下一节量子场论中介绍。狄拉克作为量子力学的集大成者，他写的教材《量子力学原理》一直是量子力学的"圣经"，现在讲授量子力学所采用的标准符号也都是来自于此书。

1.3.4　含金量最高的一次诺贝尔物理学奖

图 1-14 是网上流传很广的"史上最牛合影",这是 1927 年索尔维会议的合影,这届会议可称为量子力学的庆功宴。第 1 排最中间的自然是爱因斯坦,一侧有普朗克、居里夫人、洛伦兹,另一侧有郎之万。第 2 排坐有德布罗意、玻尔、玻恩、狄拉克、康普顿等。而海森堡、薛定谔、泡利都在第 3 排站着。

每排皆按从左至右排。第 1 排:欧文 · 朗缪尔、马克斯 · 普朗克、玛丽 · 居里、亨德里克 · 洛伦兹、阿尔伯特 · 爱因斯坦、保罗 · 朗之万、查尔斯 · 古耶、查尔斯 · 威耳逊、欧文 · 理查森;第 2 排:彼得 · 德拜、马丁 · 努森、威廉 · 劳伦斯 · 布拉格、亨德里克 · 克雷默、保罗 · 狄拉克、阿瑟 · 康普顿、路易 · 德布罗意、马克斯 · 玻恩、尼尔斯 · 玻尔;第 3 排:奥古斯特 · 皮卡尔德、亨里奥特、保罗 · 埃伦费斯特、爱德华 · 赫尔岑、西奥费 · 顿德尔、埃尔温 · 薛定谔、维夏菲尔特、沃尔夫冈 · 泡利、维尔纳 · 海森堡、拉尔夫 · 福勒、莱昂 · 布里渊。

图 1-14　1927 年索尔维会议全家福

不过对量子力学的论功行赏,还是要等到诺贝尔奖。建立量子力学众星云集，如何分配成了一个难题，这就导致了 1931 年的诺贝尔物理学奖停发（史上第一次），而 1932 年的诺贝尔奖也拖到了 1933 年。经过了激烈的讨论，最后分配如下：1932 年诺贝尔物理学奖单独发给了海森堡，1933 年诺贝尔物理学奖平分给了薛定谔和狄拉克。

通常情况下，诺贝尔奖得主应该和他的夫人一起接受瑞典国王和王后的颁奖。薛定谔自然没问题，但是海森堡和狄拉克当时太年轻了，刚过 30 岁，还都是单身，只能由他们的母亲陪着领奖（读者可以猜一下图 1-15 中的三位女士哪一位是薛定谔的夫人，哪一位是海森堡的母亲，哪一位是狄拉克的母亲）。

图 1-15　海森堡、薛定谔和狄拉克在斯德哥尔摩火车站

1933 年这次史无前例的诺贝尔物理学奖颁发过后，1934 年又是一年空缺，

可能是为了躲避这一年的锋芒吧。前后两年都空缺，也让 1933 年这一次诺贝尔物理学奖笑傲群雄，堪称含金量最高。

在建立矩阵力学的过程中，玻恩和约当都做出过重要贡献，而且玻恩后来提出了波函数的概率诠释，成为量子力学的核心公式之一。玻恩于 1954 年获得了诺贝尔物理学奖，得到了补偿。

1.4　后量子力学时代——现代物理学的两条路径

量子力学诞生以后，现代物理学除了大尺度的天体物理和宇宙学建立在广义相对论上之外，其他所有的领域都需要建立在量子力学的基础之上。

1.4.1　二次量子化和量子场论

1927 年，一直在思考量子力学的基本原理的海森堡，再一次利用他史上最强的物理直觉，提出了"不确定原理"，如坐标和动量 $\Delta p \Delta x \geqslant h/2$，时间和能量 $\Delta E \Delta t \geqslant h/2$，即你不可能同时知道坐标和动量的精确值，也不可能同时知道时间和能量的精确值。起初他认为这个原理是测量基本粒子的扰动导致的，所以有的翻译为"测不准原理"。其实薛定谔随后从非对易关系和波动性严格推导出了这个"不确定原理"，这是根本性的量子极限。

不确定原理作为"量子力学的哥本哈根解释"的一部分，遭到了很多物

理学家的反对，包括爱因斯坦。玻尔极力地维护着哥本哈根解释，他和爱因斯坦长达多年的论战也就此开始。第4章介绍量子纠缠时将继续讲述这段历史。

1928年，狄拉克又做了一个重要工作，他将电磁场进行了量子化，就是粒子数作为最基本的本征态，将波函数作为算符，史称二次量子化。这个工作把量子理论推广到了相对论性多粒子体系，每一个粒子都是一个遍布空间的场的激发态。根据不确定原理，在一个动量和能量确定的本征粒子数态上，该粒子的波函数是遍布全时间空间的。

受到狄拉克的影响，海森堡和泡利也做了量子场论的基础工作，1929年和1930年的两篇文章总结了狄拉克对电磁场的量子化以及约当和维格纳对电子场的量子化，把它推广到所有的粒子，建立了量子场论的基础，也避开了狄拉克负能量海的困难。

1933年，约当和另一位来自匈牙利的物理学家尤金·维格纳（Eugene Wigner）用反对易关系将狄拉克方程进行了二次量子化，描述相对论的情况下数量不再守恒的电子。至此，量子场论的基础工作已经完工，它是量子力学和狭义相对论的完美结合。

量子场论出现以后，物理学基础理论整体框架如图1-16所示，向右代表速度越快，向下代表尺度越小。经典力学描述宏观低速的世界（左上），相对论描述宏观高速的世界（右上），量子力学（非相对论性）描述微观低速的世界（左下），量子场论描述微观高速的世界（右下）。根据对应原理，前三者都应该是量子场论在不同情况下的近似。量子场论就是真正的相对论性量子力学。

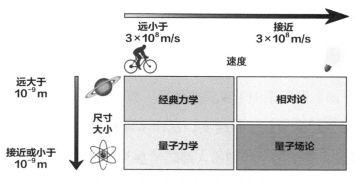

图 1-16　物理学基础理论整体框架

物理学在基础理论层之上，会建立具体模型层。表 1-1 代表了物理学的具体模型和基础理论层的关系。抛去和量子关系不大的宏观低速领域（已成为工科为主）和宏观高速领域，剩下的以量子力学（非相对论性）为基础的微观低速领域和量子场论为基础的微观高速领域主宰了几乎整个现代物理学。而这两条路线截然不同，一条路是"自上而下"不断深入微观世界探索基本粒子；另一条路是"自上而下"认识身边的各种物质背后的量子力学规律，并在此基础上发展各种新技术改变世界。

表 1-1　物理学的基础理论层面和具体模型层面

适用范围	宏观低速	宏观高速	微观低速	微观高速
基础理论层	经典力学（牛顿力学，分析力学）	相对论	量子力学	量子场论
具体模型层	刚体力学 流体力学 声学 热学	电动力学 （电磁学） 经典光学 ‖ 宇宙学	量子光学 原子物理学 分子物理学 （量子化学） 凝聚态物理学	量子电动力学 电弱统一理论 量子色动力学 （统称粒子物理 标准模型）

1.4.2 "自上而下"的粒子物理

量子场论建立的同时，核物理实验蓬勃发展，首先是意大利物理学家恩里科·费米带领团队利用慢中子束成功诱导了核反应，随后德国的奥托·哈恩（Otto Hahn）带领团队发现了核裂变，这预示着核武器的可能性。随着第二次世界大战的爆发，量子力学的创始人都陆续参与到了核武器的研制工作当中。

第二次世界大战之后，物理学迎来了复兴。由于第二次世界大战前德国大量顶尖物理学家外逃到美国，使得世界物理学的中心从德国转移到了美国。第二次世界大战后物理学复兴的基石就是曾经在美国核武器计划中效力的物理学家们，他们纷纷回到大学和科研机构，理论上开始构建基于量子场论的粒子物理标准模型，实验上将用于核物理的加速器一次次升级为对撞机，发现越来越多的新粒子。

首先是粒子物理标准模型：

20 世纪 50 年代，费曼、施温格（Schwinger）和朝永振一郎（Tomonaga Sinitirō）通过重整化方法，完善了描述电磁相互作用的量子场论——量子电动力学，因此他们获得了 1965 年诺贝尔物理学奖。

在对称性方面，杨振宁和李政道发现了弱相互作用的宇称不守恒，获得了 1957 年诺贝尔物理学奖。1954 年，杨振宁又和米尔斯将外尔描述的电磁相互作用的规范场论扩展到了 2×2 矩阵（非阿贝尔（Non-Abelian）对称性），即"杨-米尔斯理论"。随后南部阳一郎（Nambu Yōichirō）、格德斯通发展了对称性破缺理论，随后希格斯（Higgs）等人用对称性破缺机制使得"杨-米尔斯理论"的规范粒子能够获得质量，最终获得了 2013 年诺贝尔物理学奖。

20 世纪 60 年代，温伯格（Weinberg）、萨拉姆（Salam）和格拉肖（Glashow）等人在弱相互作用理论和希格斯机制的基础上统一了电磁相互作用和弱相互作用，即电弱统一理论，最终获得了 1979 年诺贝尔物理学奖。特·霍夫特（t'Hooft）证明电弱统一理论可以重整化，最终获得了 1999 年诺贝尔物理学奖。

与此同时，盖尔曼将"杨 – 米尔斯理论"推广到了 3×3 矩阵，预言了夸克的存在，并找到了能描述强相互作用的"量子色动力学"，他获得了 1969 年诺贝尔物理学奖。20 世纪 70 年代，格罗斯、维尔切克和普利策发现了量子色动力学的夸克禁闭和渐进自由性质，最终获得了 2004 年诺贝尔物理学奖。

电弱统一理论和量子色动力学合称为粒子物理标准模型。这个标准模型预言的基本粒子也不断地在对撞机实验上被发现，如：

1962 年，美国布鲁克海文（Brookhaven）实验室发现电子中微子和 μ 中微子；

1968 年，美国 SLAC（斯坦福直线加速器中心）发现上夸克、下夸克和奇异夸克；

1975 年，美国布鲁克海文（Brookhaven）实验室发现粲夸克和底夸克；

1979 年，德国 DESY（电子同步加速器）实验室发现胶子；

1983 年，欧洲核子中心（CERN）发现 W 和 Z 玻色子；

1995 年，美国费米实验室（Fermilab）发现顶夸克；

2000 年，美国费米实验室（Fermilab）发现 τ 中微子；

2012 年，欧洲核子中心（CERN）发现希格斯玻色子。

算上很早之前就发现的电子和光子，至此，粒子物理标准模型预言的基本

粒子都已经被发现。而这些基本粒子组成的复合粒子数量庞大，不过稳定的只有上夸克和下夸克通过胶子传递相互作用组成的质子和中子（自由的中子也不稳定）。此外，实验中发现中微子有质量，超出了标准模型，这使得中微子已经成为粒子物理研究的最大热点之一（见图 1–17）。

1962年，美国布鲁克海文(Brookhaven) 实验室发现电子中微子和μ中微子；

1968年，美国SLAC(斯坦福直线加速器中心) 发现上夸克、下夸克和奇异夸克；

1975年，美国Brookhaven实验室发现粲夸克和底夸克；

1979年，德国DESY(电子同步加速器) 实验室发现胶子；

1983年，欧洲核子中心(CERN)发现W和Z玻色子；

1995年，美国费米实验室发现顶夸克；

2000年，美国费米实验室发现τ中微子；

2012年，欧洲核子中心CERN发现希格斯玻色子

图 1-17 基本粒子实验发现历史

1.4.3 "自下而上"的凝聚态物理和量子光学等

凝聚态物理源自固体物理，而固体物理理论开创者是海森堡的学生菲利克斯 · 布洛赫（Felix Bloch）。布洛赫第一次求解了周期势阱中的薛定谔方程，得到的结果可以解释电子在晶格中的行为。随后量子力学开始大规模应用在固体的研究中，不但揭示了导体、绝缘体和半导体的本质，而且成功解释了 20 世纪初发现的低温超导原理（BCS 理论）。

理论物理学家列夫 · 朗道（Lev Landau）堪称理论凝聚态物理之父，他用量子力学成功解释了液体超流现象，以及电子抗磁性、反铁磁性等诸多性质，获得了 1962 年诺贝尔物理学奖。

1977 年诺贝尔物理学奖得主菲利普 · 安德森（Philip Anderson）写过一篇评论，题目为"多者异也"（More is Different），宣告了凝聚态物理并不能简单地还原到粒子物理，而是在不同尺度上可以衍生出全新的物理现象。

凝聚态理论一直留着一块硬骨头，那就是高温超导原理，它吸引着一代又一代的物理学家去尝试。

在凝聚态物理实验方面，半导体材料的研制首屈一指，它是第三次科技革命，也称为信息革命的核心材料。半导体晶体管的发明获得了 1956 年诺贝尔物理学奖。而刻在半导体上的集成电路（大量晶体管集成），就是我们经常使用的电脑和手机中的芯片，这个发明彻底改变了世界，并且获得了 2000 年诺贝尔物理学奖。这段激动人心的故事将会在本书的第 3 章呈现给读者。

此外，巨磁阻作为磁性材料的一种量子性质，它使得我们有大容量的硬盘可用。超导体在很多地方也得到了大规模应用，尤其是人类未来的两大技术梦想"可控核聚变"和"量子计算"，都会依赖超导材料。

量子光学是利用量子力学研究光的量子性质以及光与原子的相互作用的量子现象。曾经一段时间，因为光与原子的相互作用主要是和电子相互作用，这个方向一度称为量子电子学，后来随着激光的应用，逐渐称作量子光学。凝聚态物理和量子光学如图 1–18 所示。

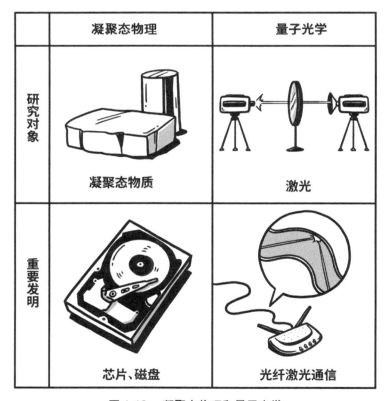

图 1-18　凝聚态物理和量子光学

激光可以说是 20 世纪仅次于半导体的伟大发明。激光是光的量子性质的一个典型表现，激光的原理将在本书的第 2 章详细介绍。在信息革命中，半导体解决了计算问题，激光解决了通信问题。很多人误以为激光的主要作用是做手术和切割东西，其实不然，当无线电和电缆越来越无法满足信息时代通信量需求的时候，激光和光纤的组合使得大容量数字信息通信变得可行。如今，全球互联网都建立在利用激光通信的海底和地下光缆上。

总之，当今的信息技术背后的本质主要来自于量子力学，即来自于量子力学"自下而上"产生的凝聚态物理和量子光学等方向。本书的内容是量子通信，它属于量子信息学科的一部分。量子信息这门学科并不是从天上掉下来的，而是直接继承"自下而上"的凝聚态物理和量子光学等方向的学科，并且将引领第二次信息革命。也就是说，量子力学在第一次信息革命中是幕后掌握一切的"BOSS"，在第二次信息革命中将走向台前掌握一切。为了说明这个继承关系，第 2 章将介绍当今主要信息技术背后的量子力学原理，第 3 章将介绍第一次信息革命的历史，从而引出第 4 章的继承者量子信息学。

我们在本章回顾了"量子"这个名词的整个历史，澄清了到底什么是"量子"，它为什么几乎等同于现代物理学，它和信息革命的关系如何。因此物理学家用这个词毫无疑问，信息学家提这个词的时候，必然是指经典信息技术背后的物理原理或者是新兴的量子信息技术。而当医疗保健提到这个词的时候，可以放心地把他们当成骗子。因此我用自己总结的一句顺口溜作为本章的结束语："无物理，不量子；有信息，可量子；医疗保健品，统统没量子（见图 1–19）。"

图 1-19 无物理，不量子；有信息，可量子；医疗保健品，统统没量子

Chapter 2
第 2 章

信息技术背后的量子力学

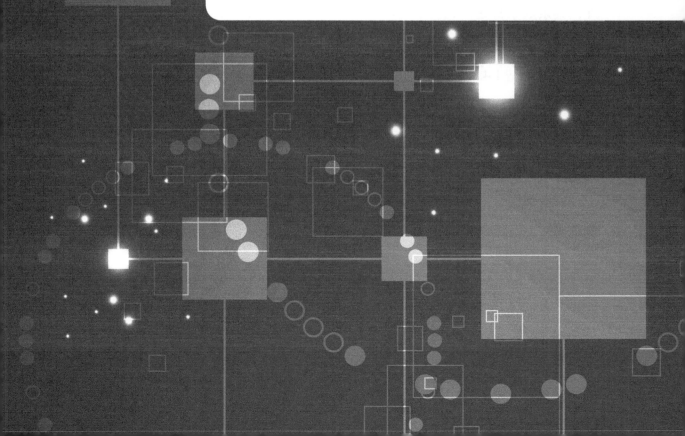

"拿出你的笔记本电脑、手机或平板电脑，里面的晶体管——1956 年诺贝尔物理学奖；集成电路——2000 年诺贝尔物理学奖；显示屏里的液晶显示原理——1991 年诺贝尔物理学奖；液晶屏后面的 LED——2014 年诺贝尔物理学奖；锂电池——2019 年诺贝尔化学奖；电脑的磁盘——2007 年诺贝尔物理学奖；摄像头后面的 CCD——2009 年诺贝尔物理学奖；墙上 Wi-Fi 连的光纤——2009 年诺贝尔物理学奖；光纤中的激光——1964 年诺贝尔物理学奖；GPS 卫星上搭载的原子钟——1989 年诺贝尔物理学奖……欢迎补充。"

这是我在 2019 年诺贝尔奖发布后写的一条微博，一周时间就被转发了 2000 多次。很多人惊讶于原来诺贝尔奖的成果离我们的生活这么近。在我列举的这些早应该成为常识的真相中，除了刚刚获得诺贝尔化学奖的锂电池之外，其余成果都是信息技术的重要组成部分，而且都获得了诺贝尔物理学奖。这些成果能获得诺贝尔物理学奖的根本原因就是它们背后的原理都来自于量子力学，也就是 1.4.3 节提到的，由量子力学"自下而上"建立的凝聚态物理和量子光学等学科。物理学家们在这些学科基础上最终开发出了改变世界的信息技术。

本章的内容便是把"自下而上"这条路在应用层面进一步展开的，看看量子力学在我们日常生活中大量使用的信息技术背后扮演了什么角色。我们先从最重要的半导体讲起。

2.1　量子力学支配的半导体

半导体，顾名思义，其导电能力介于导体和绝缘体之间。半导体最早由电磁学的奠基人法拉第发现，但是直到 20 世纪初，物理学家一直无法解释其中的原理。随着量子力学的建立，半导体的导电原理才迎刃而解。

2.1.1　固体能带理论

量子力学告诉我们原子通过化学键形成分子，化学键来自不同原子最外层的电子的配对。所以把原子最外层的电子称为"价电子"，价电子不仅属于它之前的原子，也属于与它形成化学键的电子之前所在的原子。如果每一个原子的价电子会与周围多个原子的价电子形成化学键，那么这个"大分子"就会几乎无限地扩展下去，最后形成固体。固体中的原子一般按照周期性排列（晶体），那么这些价电子如同置身于一个周期性的原子吸引阵列（晶格）中。

1928 年，海森堡的学生布洛赫（虽然只比海森堡小 4 岁）求解了周期势阱中的薛定谔方程以解释晶体中价电子的行为，从而得到了布洛赫定理。在该定理中，电子的波函数具有和晶格周期一样的周期分布，并且能量分布已经不再是单个原子中形成的能级，而是变成了"能带"，这就是建立在量子力学上的固体能带理论。布洛赫获得了 1952 年诺贝尔物理学奖，但他凭借的不是能

带理论，而是核磁共振，属于量子光学。

当周期性的原子吸引阵列对价电子的吸引较弱，即晶格的势能较浅的时候，可以对布洛赫定理做自由电子近似，得到的结果能够很好地描述导体中价电子的行为。也就是说，导体中价电子的能带很高，接近自由电子。我们称自由电子的能带为"导带"，价电子的能带为"价带"。对于导体来说，导带和价带是重合的。

当周期性的原子吸引阵列对价电子的吸引较强，即晶格的势能较深的时候，可以对布洛赫定理做紧束缚近似，即电子波函数变为一组局域化的旺尼尔函数。这个函数能够描述绝缘体中价电子的行为，即绝缘体中价电子都紧紧束缚在原子周围，电子需要增加很多的能量才能接近自由电子，也就是说电子的"价带"离"导带"能量差很多。

那么半导体就比较容易理解了，它的价电子的能带正好处于导体和绝缘体之间，也就是说它的"价带"离"导带"非常近。当外界操作（如加电压或者用光照射）让它的价电子的能量升高，从价带进入导带，那么它就变成了导体。让它的价电子的能量降低，它又会回到价带，从而变成绝缘体，具体如图2-1所示。

基于量子力学的能带理论揭示了半导体的物理性质，此后各种新的半导体材料，都是依据量子力学才研制出来的。半导体能被外界操作影响，让它在导电和不导电之间来回切换的性质，对于实现二进制逻辑来说有着得天独厚的优势。

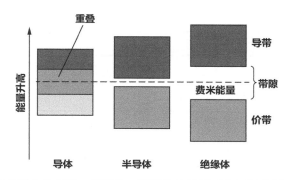

图 2-1 从左至右为导体、半导体、绝缘体的导带（上）和价带（下）对比

2.1.2 数字逻辑门的救星：半导体晶体管

计算机的历史可以追溯到 19 世纪英国人查尔斯·巴贝奇（Charles Babbage）发明的差分机。在经历了二十世纪三四十年代短暂的模拟计算机（包括图灵破解德军 ENIGMA 密码机用的自制计算机）阶段之后，计算机就进入了数字计算机阶段。数字计算机用比特（0 或 1）作为组成信息的最小单元，采用二进制计数法，用输入比特来操作输出比特的结果，从而实现各种数字逻辑门的功能。表 2-1 所示为一些典型的数字逻辑门。

表 2-1 一些典型的数字逻辑门

逻辑门	输入		输出
"与"门	0	0	0
	0	1	0
	1	0	0
	1	1	1

续表

逻辑门	输入		输出
"或"门	0	0	0
	0	1	1
	1	0	1
	1	1	1
"非"门	0		1
	1		0
"与非"门	0	0	1
	0	1	1
	1	0	1
	1	1	0
"或非"门	0	0	1
	0	1	0
	1	0	0
	1	1	0

第一台数字计算机是 1946 年诞生于美国的 ENIAC，它使用了大量的真空电子管来实现二进制数字逻辑门，占地面积一百多平方米，质量达到 2.8 万千克。现在把程序的错误称为 Bug，其实就来自于 Bug 的本意"虫子"。当年这些庞大的电子管计算机经常因为飞进去的虫子而短路，所以修理计算机的工作就是到处清理这些虫子，即 Debug。

半导体的出现才让数字计算机变小变轻并最终进入千家万户。利用半导体制成的晶体管，可以通过施加电压来控制其中的电流和其两端的电压，即输入比特用 0 表示不施加电压，用 1 表示施加电压；输出比特用 0 表示没有电压，用 1 表示有电压。图 2-2 所示为用晶体管实现任意数字逻辑门的例子，输入比特（Input A，B）作为电压可以控制输出比特（Output C）的值。

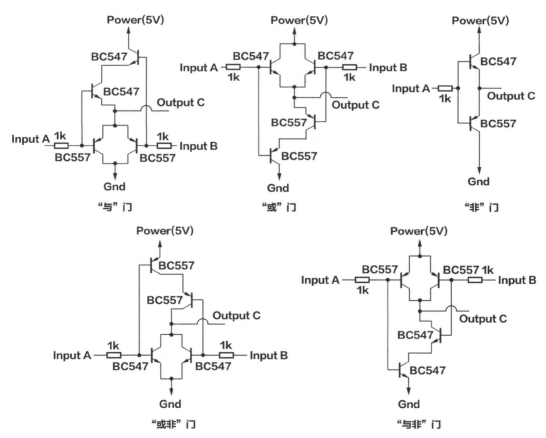

图 2-2　少量半导体晶体管就可以实现任意数字逻辑门

在半导体晶圆上刻制大量的晶体管逻辑门，实现通用二进制数字计算功能，就是集成电路，也就是通常所说的芯片。集成电路的重要性不必多说，它是所有电子设备的核心，没有它就没有计算机和手机，甚至没有收音机和电视机，也就没有了信息时代（见图 2–3）。从晶体管到集成电路的历史就是一部硅谷诞生的历史，第 3 章将介绍这一段 20 世纪后半段最值得书写的科技历史。

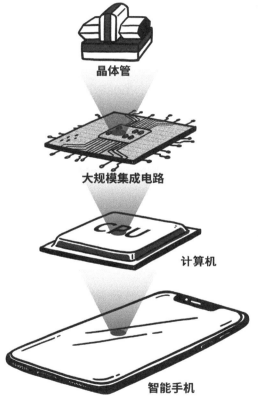

图 2-3　任何电子产品都有集成电路，集成电路可以分解为晶体管

2.2 从量子光学到激光的出现

量子光学这门学科就是用量子力学来研究光的性质，以及物质对光的吸收和辐射。光学是物理学中最古老的一门基础学科，从古至今经历了几何光学时期、波动光学时期，以及量子光学时期。其中，几何光学可以看作是波动光学的近似，波动光学属于经典物理学的一部分，在麦克斯韦用他的方程组推导出电磁波后，便和电磁学统一在一起。但是在第 1 章的开头"两朵乌云"部分我们介绍过，电磁波（光）和经典力学原理存在矛盾，其速度（光速）不变性最终导致了爱因斯坦发现狭义相对论，其波粒二象性最终导致了量子力学的出现。因此经典光学无法成为经典力学的"上层建筑"。

但是量子光学不一样，它是完完全全建立在量子力学基础上的"上层建筑"。也就是说量子力学最终使人类认识了光的本质，即光是由光量子（光子）组成的，光子之间具有量子相干性，而光的量子本性为人类带来了意想不到的收获，那便是激光。

2.2.1 激光和相干态理论

激光理论最早可以追溯到 1917 年爱因斯坦对光电效应的进一步研究，他提出了光与物质的相互作用有受激吸收、受激辐射和自发辐射 3 个过程。

但是当时量子力学还未建立，所以属于唯象理论。量子力学建立以后，法国物理学家卡斯特勒（Castler）于 1950 年利用量子力学预言并发现了"光泵浦"现象，并因此获得了 1966 年诺贝尔物理学奖。随后的几年，美国物理学家查尔斯·汤斯（Charles Townes）、苏联物理学家普罗科洛夫（Prokhorov）和巴索夫（Basov）分别发现光泵浦可以导致原子能级的布居数反转，并能够形成微波的受激辐射放大（Maser），他们因此获得了 1964 年诺贝尔物理学奖。

1957 年，汤斯和肖洛预言微波的受激辐射放大可以推进到可见光波长，即激光。1960 年，梅曼发明了第一台光的受激辐射放大装置，即激光器。随后激光器被大量研制出来并应用到了光学研究当中。肖洛后来和布洛姆伯根通过激光光谱学获得了 1981 年诺贝尔物理学奖。激光凭借其他光源不可比拟的单色性和准直性，成为最主要的光源之一。

激光只是相同频率的光子紧密地聚在一起的产物吗？按照量子力学，激光的本质不止于此。1963 年，美国物理学家格劳贝尔（John Glauber）提出了相干态理论，即大量粒子处于相干态时，他们的粒子数本身也是个量子叠加态。对于激光来说，光比较强时就是大量光子相干态，和大量光子紧密地聚在一起看起来很像，但是当光比较弱的时候，如只有几个光子，那么相干态的效果就比较明显了。格劳贝尔凭借相干态理论获得了 2005 年诺贝尔物理学奖。弱激光的相干态在量子通信中也有重要的应用（第 5 章会讲到）。

有了相干态理论，再结合固体掺杂原子（或具有类似能级结构的分子气体）

对光子的吸收和辐射，量子力学就完整地解释了激光的产生和传播，而且受激吸收、受激辐射和自发辐射都有了严格的量子力学基础，这就是量子光学这门学科的主要内容。

2.2.2　支撑起互联网的激光通信

若仅仅在实验室使用，哪怕是在工业上作为最锋利的切割刀来使用，激光对人类文明的影响都不会像今天这么大。让激光成为和半导体集成电路具有同样"江湖地位"的关键，就是光纤激光通信的出现。

在激光出现之前，最先进的通信方式一个是采用电磁波的无线通信，另一个是用电流的有线通信。无线通信一直应用至今，从早期的射频无线电，到微波频率的模拟信号，又到 2G、3G、4G 甚至即将全面应用的 5G，这是激光通信不可替代的。但是对于有线通信来说，一根电线一次同时只能传输一个电流，无论是模拟信号还是数字信号，其信息传输能力都远远不及激光。

光纤的出现为激光通信的大范围应用铺平了道路。在一根光纤中，可以有不同频率的激光同时传播，互相不影响（光源之间不相干），因此信道容量远大于电线。尤其对于远距离通信来说，激光在光纤中的能量损耗远小于电流在导线中的损耗，因此光纤的发热量也远远小于电线。这些优势使得光纤激光通信当仁不让地成了通信电缆的替代品。华裔物理学家高琨是远距离、低损耗光纤的发明人，他也因此获得了 2009 年诺贝尔物理学奖。

　　如今，激光通信使用的海底光缆已经遍布全球各大洋，将全世界连接起来（见图2-4）。城市中每个家庭、学校和办公楼都有了光纤宽带入户，每一住户无论是网线还是无线 Wi-Fi，所有的信息都要从墙中的那根光纤进出。光纤激光通信已经成为互联网高速发展的基础，支撑起了当今世界庞大的互联

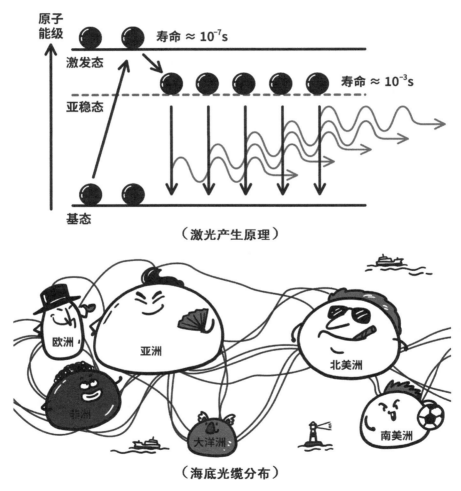

图 2-4　激光产生原理和海底光缆分布

网产业。如果没有光纤激光通信，我们的信息传播仍然会停留在打电话的阶段，电线极低的信息传输速率和高损耗，使得互联网只能成为极少数人的奢侈品，并且只能用于收发电子邮件，网络视频则无从谈起。激光这个源自于量子光学的发明，和半导体集成电路一样，成为信息时代最重要的角色，彻底改变了人类的生活。

2.3　磁盘背后的量子力学原理

2.1 节和 2.2 节分别提到了半导体和激光在信息时代最举足轻重的地位。粗略来看，半导体集成电路负责计算，激光负责通信。此外，信息的存储也非常重要。"计算——通信——存储"三者相辅相成，才构成了信息的全部流动范围。

二进制数字信息的存储方式主要有三种：第一种是半导体存储，即半导体闪存原理，每个晶体管以是否导电来表示 0 或 1。我们平常使用的电脑内存条、U 盘、固态硬盘等，用的都是半导体闪存；第二种是光存储，即光盘。在光盘材料上雕刻满微小的镜子，以反射的激光是否按照要求的方向来表示 0 或 1。时至今日，半导体闪存技术的飞速发展使得光盘的使用率在逐渐下降；第三种历史最为悠久，那就是磁性存储，即利用固体的磁性来记录信息。

2.3.1　电子自旋决定磁性

在二进制数字信息大规模使用之前，磁带已经作为存储模拟信号的方式得到了广泛的应用。即声音、影像等转化为模拟信号电流，通过电流的磁场变化把电流信号记录在磁带的磁性粉末的排列顺序上。通过强磁性的磁头读取这些磁性粉末的排列信息，再还原之前的电流信号。

物体的磁性恰恰是由量子力学决定的。第 1 章介绍量子力学历史的时候我们提到过，电子自旋很早就被发现了，后来狄拉克方程给出了电子自旋存在的原因，即电子自旋是量子力学和狭义相对论结合的结果。每个电子都具有 1/2 自旋，和电磁场（光子）相互作用的时候，就表现出一个磁矩，即电子的自旋轴方向会和外界磁场方向趋于一致。

当一个物体的原子具备没有填满的电子轨道时，这些原子的电子自旋没有相互配对抵消，那么剩下的这些电子的自旋就会顺着磁场方向排列，即表现为顺磁性。当一个物体由电子轨道都被填满的原子组成时，顺磁性就会消失，电子轨道角动量因为电磁感应而产生的抗磁性会表现出来（远小于电子自旋的顺磁性）。当一个物体的原子最外层电子轨道刚好填满了一半，那么这些电子会自发地让自旋方向一致，从而保持能量最低。大量电子一致的自旋方向就让这个物体表现出了宏观的磁场，这个就是铁磁性的，如磁铁。正是海森堡在 1928 年通过电子自旋给出了铁磁性的量子力学解释，让人们认识到物体的磁性直接来自于量子力学所决定的电子自旋。

2.3.2　巨磁阻材料和硬盘

　　随着 20 世纪 80 年代计算机的大规模普及，传统的磁带和磁头已经无法满足数字信息时代的需求。1988 年，法国物理学家维夏菲尔特（en: E. Verschaffelt）和德国物理学家格伦贝格（Grunberg）发现了巨磁阻效应，即一种材料的电阻对外界磁场方向极其敏感。巨磁阻材料由两层铁磁性材料中间夹一层非铁磁性材料构成。当这两层铁磁性材料的磁矩方向相同时，巨磁阻材料的电阻会非常小；当这两层铁磁性材料的磁矩方向相反时，巨磁阻材料的电阻会变得非常大。所以用巨磁阻材料去扫描铁磁性颗粒，这些颗粒会改变靠近它的一层铁磁性材料的磁场方向（磁化），而这个方向的改变会导致巨磁阻材料内部电流的巨大变化。因此可以用微小磁性颗粒的磁场方向存储信息，用巨磁阻材料作为磁头，对应磁头上无电流和电流最大的两个磁场方向编码为 0 和 1，这样就可以将大量比特数据存储在一张磁盘上，再用巨磁阻磁头读写，这就是电脑硬盘的原理。巨磁阻材料让电脑硬盘成为存储可读写信息的密度最大的介质，菲尔特和格伦贝格因此获得了 2007 年诺贝尔物理学奖。

　　虽然磁盘有被基于半导体闪存的固态硬盘取代的趋势，如同被半导体闪存取代的光盘一样，但是目前的大容量存储市场依旧以磁盘为主流硬盘。原因是固态硬盘无论是使用时长还是容量目前还无法和最好的磁盘相比。不过随着半导体闪存技术不断更新换代，磁盘也有可能像光盘一样成为历史，但这丝毫不影响磁性材料为信息革命做出过的重要贡献（见图2-5）。

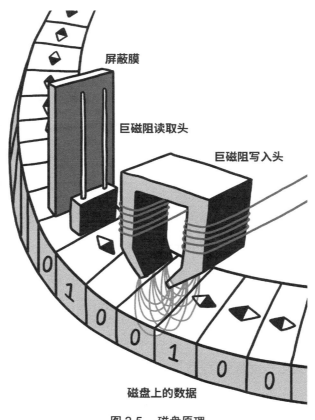

图 2-5　磁盘原理

 ## 2.4　显示器和摄像头中的量子光学原理

我们常用的计算机和智能手机等重要发明，除了具备对二进制数字信息的通信、计算、存储 3 个主要功能以外，还需要和现实世界进行交互，如通过录音、拍照和摄像把现实世界的声音和图像转化为二进制数字信息；通过显示器和扬声器把数字信息转化成图像和语音，让人能够看见和听见。这些图像的输出和采集设备中到处可以看见量子光学的影子。

2.4.1　自发辐射荧光和 LED

在 2.2 节介绍激光的时候，我们提到了在量子光学这门学科中，光与物质相互作用产生的受激吸收、受激辐射和自发辐射都有着严格的量子力学基础。激光就来自于物质对光的受激辐射。而物质的自发辐射发光和激光不同，它是由组成物质的原子与光的真空态相互作用的结果。

狄拉克对电磁波（光）的量子化结果使得电磁场有一个粒子数为零，但是能量不为零的真空态（每个频率上的真空态能量都为半个光子能量）。有些教材在介绍真空态的时候，通常都用卡西米尔效应（Casimir Effect）举例，但实际上卡西米尔效应并不是纯粹由真空态引起的，而是由真空中不断产生和湮灭的虚光子导致的。真正纯粹来自真空态的可观测现象就是自发辐射。1930 年，奥地利物理学家韦斯科普夫（Weisskorpf）和匈牙利物理学家魏格纳（Wigner）在量子力学的基础上建立了光的自发辐射理论，即电子（或者原子核）与光的真空态发生相互作用时，会自发地从高能级跃迁到低能级并向四面八方辐射出光子。凡是被外界能量激发到某个激发态能级或能带的电子，都会产生自发辐射现象，跃迁回基态并发射出光子。任何非激光的发光本质上都和自发辐射有关，包括黑体辐射。

在日常生活中最常见的可见光波长的自发辐射现象就是荧光。从荧光粉到日光灯，一直到 LED（发光二极管）都属于自发辐射荧光现象。萤火虫的腹部荧光也是蛋白质分子中的电子产生的自发辐射。其中，LED 由于是半导体材料，导电的电子能级被"电子—空穴对"限制得比较窄，甚至接近原子能级的宽度，因此可以发出单色性非常好的自发辐射。LED 省电、发热量小，成本远远低于激光，在不要求光准直性的情况下比激光更有优势。因此，LED 正逐渐淘汰传统的灯泡和日光灯，成为人类目前的主要光源。

我们的计算机和手机使用的显示器都称为液晶显示器，但是液晶本身并不发光，只有选择让光通过比例的功能（回想一下计算器和电子表的液晶显示数字）。所以每一个液晶显示器的发光部分都是液晶屏背后的 LED 显示屏。液晶显示屏的每一个像素点都由二进制数字信息转换成的电压控制，LED 显示屏发出的白光先经过红、绿、蓝三色像素过滤屏，再经过液晶屏调节每一个像素的亮度（红、绿、蓝三色像素每一个前面都有一个液晶像素，通过透过光的亮度来选择颜色比例），最终显示出我们在计算机、手机等屏幕上看到的图像。LED 出现以后，红光和绿光很快出现，但蓝光波长的 LED 一直是块"硬骨头"，直到中村修二、赤崎勇、天野浩三人解决了这一难题，LED 才得以广泛应用到今天。三人因此获得了 2014 年诺贝尔物理学奖。

2.4.2 光电效应和 CCD

20 世纪，胶卷一直是记录图像的主要方式。无论是相机还是摄像机都必须配备长长的且不能曝光的胶卷。拍在胶卷上的图像需要在暗室中用药水浸泡和透镜放大才能呈现在照片上，俗称"洗照片"。电影也是拍摄在胶片上的每秒 24 帧的定格画面，需要一张张洗出来。柯达公司靠卖胶卷和洗照片一度成为全球最赚钱的公司。这一切随着 21 世纪初数码相机的大规模出现而被彻底改变了，胶卷和胶片仅靠小众情怀而活着。那么数码相机这个重要发明最核心的部分，就是取代胶片的 CCD 感光芯片。

电荷耦合器件（CCD，Charge-Coupled Device）由 1969 年贝尔实验室的两位工程师威拉德·博伊尔（Willard Boyle）和乔治·史密斯（George Smith）发明。CCD 利用的就是半导体的光电效应，由光子打在每个像素点上被电子吸收，电子变成自由电子形成电流，电流的大小正比于光子的数量。光电效应曾经是导致爱因斯坦提出光子的量子现象，本质上可以用量子光学中的光电离过程直接描述。CCD 的参数中经常提到"量子效率"这个词，意思就是从一个像素点产生的自由电子数和照射在这个像素点上的光子数的比例。博伊尔和史密斯因为发明 CCD 图像传感器获得了 2009 年诺贝尔物理学奖。

如今我们手机的相机用的感光芯片已经从 CCD 替换为互补金属氧化物半导体（CMOS，Complementary Metal Oxide Semiconductor），CMOS 是一种制造大规模集成电路芯片用的技术。用 CMOS 技术制造出的半导体感光芯片同样采用光电效应，量子效率比 CCD 差一些，但是成本和功耗远低于 CCD，并且每个像素的电流直接变为电压并以二进制数字信号传给存储器，不像 CCD 的每个像素电流一样需要经过模拟—数字转换，因此图像处理速度更快。目前，民用市场主要使用 CMOS，而 CCD 主要应用于需要低噪声和高量子效率的科研及工业领域。

经过本章前 4 节的介绍，我们可以看到半导体材料可谓"上得了厅堂下得了厨房"，在信息的计算方面独占鳌头（集成电路）；在信息的存储方面也大有完全取代磁性材料的趋势（闪存）；在光信号的获取（CCD、CMOS）和展示（LED）方面也没有对手。因此半导体材料当之无愧地成为信息技术最重要的材料（见图 2-6）。

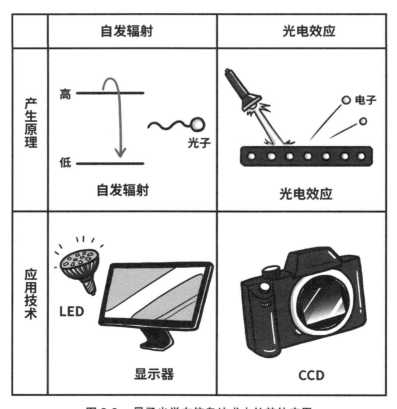

图 2-6　量子光学在信息技术中的其他应用

2.5　原子钟：量子力学决定的频率标准

准确地记录时间是人类文明最重要的标志之一。从古代的日晷到近代的钟摆，时间的计量方式在不断地进化。工业革命时期发明的机械钟表一直是人类机械制造工艺的顶峰。到了 20 世纪下半叶，第三次科技革命（信息革命）让石英晶体振荡器成为更准确的计时方式，并大幅拉低了钟表的价格，让传统的机械表成为奢侈品。如今所有的电子设备中都配备着石英晶振来计时，它利用石英晶体在施加电压时产生的振动频率，计时精度一般能做到一年只差一秒左右，极大地满足了我们日常生活的需要。

但是在高精尖的科技领域，人类需要更准确的计时工具，那就要进入微观领域，借助量子力学的威力了。利用量子力学计算电子在原子核周围的分布得到电子在该原子的能级结构，并知道哪些原子的哪些电子能级具有较高的准确性。根据量子力学，能量 = 普朗克常数 × 频率，能级间隔越准确，电子跃迁发射出的光子能量也就越准确，那么光子的频率也就越准确。选取合适的原子，把它的电子在能级间跃迁辐射出的光子的准确频率测量出来，这就是原子钟的原理。

美国物理学家伊西多 · 艾萨克 · 拉比（Lsidor Isaac Rabi，1944 年诺贝尔物理学奖得主）在 1945 年率先提出了利用电子能级跃迁实现原子钟的原理。1949 年，诺曼 · 拉姆齐（Norman F. Ramsey）改进了拉比的用原子束方法，让原子束两次通过微波场，大幅消除本底噪声，获得了更精确的电子跃迁频率，这个方法成为原子钟的标准技术。拉姆齐因此获得了 1989 年诺贝尔物理学奖。

今天的全球时间标准是用铯原子钟定义的，即用铯 –133 原子（一般采用元素周期表最左侧的一列原子做原子钟，因为它们最外层只有一个电子）的最外层电子的基态能级和第一激发态能级之间的频率（能量差除以普朗克常数）作为标准。1s 定义为 9 192 631 770 除以该频率，也就是以该频率振荡 9 192 631 770 个周期所需要的时间。除了铯原子钟以外，氢原子钟和铷原子钟也得到了非常广泛的应用。这些采用常温原子的原子钟的时间准确度已经达到了 10^{-13} 级，即几万年只相差 1s 的水平。

1989 年，由朱棣文、菲利普斯（Phillips）和塔诺季（Tannoudji）研究出的激光冷却原子技术，可以将原子冷却到几十微开尔文的温度（仅比绝对零度高十万分之几度），这样由原子热运动引起的能级不确定度被大幅度压缩，原子钟的频率稳定度进一步提高，时间准确度可以达到 10^{-16} 级，即几亿年才相差 1s 的水平。最新的光学频率原子钟（光钟，用原子在可见光频率的电子能级跃迁代替在微波频率的电子能级跃迁）的时间准确度可以达到 10^{-18} 级，即从宇宙大爆炸到现在（138 亿年）才相差 1s 的水平。

原子钟除了为人类社会提供精确的时间以外，还有一个非常重要的作用，就是全球导航定位。无论是美国的 GPS 系统、欧洲的伽利略系统，还是我国的北斗导航系统，都需要天上几十颗卫星组成覆盖全球的无线网络，这些卫星最核心的设备就是原子钟。每颗卫星都将原子钟提供的时间信息作为信号发送给地面。地面每个接收器如果接收两个卫星的时间信号，就可以通过时间差计算出自己离两个卫星的距离差（时间差乘以光速），这个距离差分布在一条双曲线上。当接收器接收的第 3 颗卫星的时间信号后，便又可以计算出和其他两个卫星的距离差，即另外两条双曲线。3 条双曲线的交点就是这个接收器相对 3 个卫星的定位点，因此至少需要 3 颗卫星来做定位。

卫星上的原子钟提供的时间越准确，导航系统的定位也就越准确（见图 2-7）。卫星导航定位不仅广泛应用在车载和船载当中，如今我们每台手机中都安装了微型的 GPS 接收器，通过相对多颗卫星的定位来确定在地球上的位置，这也成为很多移动互联网应用必不可少的功能。

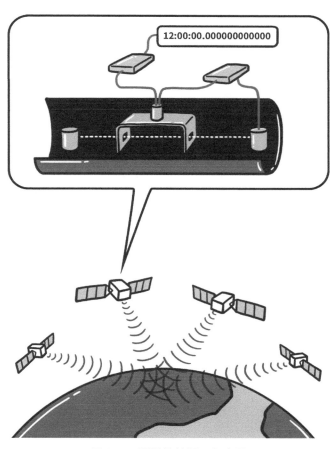

图 2-7　原子钟的原理和应用

从根本上说，量子力学不仅决定了我们这个信息时代所有二进制数字信息的传输（通信）、存储和计算，也决定了人机交互和导航定位等方方面面，整个第三次科技革命（信息革命）就是这样牢牢地建立在量子力学的基础之上。接下来，第 3 章将讲述信息革命那段激动人心的历史。

Chapter 3
第 3 章
第一次信息革命

　　人类历史上迄今为止出现了三次科技革命。第一次科技革命称为工业革命，从18世纪中期一直到19世纪中期，以机械化和瓦特大幅改进的蒸汽机为代表，人类从此开始广泛使用化石能源。通过烧煤把水烧开产生水蒸气，用水蒸气来推动机械运动。第一次工业革命的物理基础为热力学、刚体力学和流体力学，它们都属于经典物理学，都建立在牛顿力学的基本原理上。

　　第二次科技革命称为电力革命，也称第二次工业革命，从19世纪中期持续到20世纪中期，以电力的大规模使用为代表。利用法拉第电磁感应原理，无论是蒸汽机，还是自然界的水和风等其他的运动形式都可以用来发电。电力可以带动发电机做机械运动，可以点亮电灯，可以发电报，可以通过电池存储起来，也可以产生电磁波做无线通信。内燃机的出现使得人类在化石能源上对石油的依赖超过了煤。第二次工业革命的物理基础为电动力学，也属于经典物理学，但其核心麦克斯韦方程组的电磁波解和牛顿力学产生了原理上的矛盾，这最终导致了爱因斯坦提出了相对论。同时经典的电磁波本身也存在不可克服的辐射难题，这直接导致了普朗克提出了光量子假说，并最终导致了量子力学的出现（详见本书第1章）。

　　第三次科技革命也称为信息革命，从20世纪中期一直持续到现在，以各类电子计算机的大规模应用为代表，人类的信息技术突飞猛进，半导体集成电路横空出世让人类具有了快速处理大量信息的能力。光纤激光通信取代了电报，LED逐渐取代了电灯，所有看到的景象和听到的声音都可以转化成信息。同时在能源上人类除了继续依赖石油以外，还出现了核能，即利用核裂变产生的能量（把水烧开驱动蒸汽机）来发电，这标志着人类能够提取的能量从原子的化学结合能深入到原子核的结合能。第三次科技革命的物理基础为凝聚态物理学、量子光学和核物理，它们都建立在量子力学的原理上。第 2 章比较全面地介绍了信息革命中各种重要发明背后的凝聚态物理学和量子光学的基础。本章将进一步介绍信息革命的历史，从它的诞生地贝尔实验室开始，到硅谷的崛起，再到电子计算机和遍布全球的互联网，我们会看到人类文明如何一步一步地全面进入信息时代，而本书主要介绍的量子通信正是这一段信息革命历史的直接继承者。

3.1　贝尔实验室

在第二次世界大战之前，我们可以说对人类文明贡献最大的实验室是英国剑桥大学的卡文迪许实验室（其实是剑桥大学物理系的别名）。到了第二次世界大战之后，尽管出现了很多著名的大型实验室，如欧洲核子中心（CERN），以及美国的十余个国家实验室，都做出了很多获得了诺贝尔奖的贡献。但是从对人类社会的直接影响来看，美国的贝尔实验室称得上一枝独秀，信息革命就是从这里诞生的。

贝尔实验室的前身可以追溯到电话的发明人亚历山大 · 格拉汉姆 · 贝尔（Alexander Graham Bell）。1880 年，贝尔用大洋彼岸法国政府授予他的伏特奖（奖励他发明电话）在美国首都华盛顿建立了一个"伏特实验室"，隶属于他自己创建的"美国电话电报"（AT&T, American Telephone & Telegraph）公司。贝尔离世后，公司为了纪念他把实验室更名为"贝尔实验室"。后来实验室不断扩张，工作地点遍布全美各地，总部放在了新泽西州。

在互联网出现之前，电报和电话一直是个暴利行业，一分钟的电话费甚至需要好几美元。美国电话电报公司把大量的利润投入到贝尔实验室的研发工作中，可以说为了新的信息技术发明，不计成本地投入，包括引进人才，这使得贝尔实验室在第二次世界大战之后迅速成为美国的科技中心。1947年，巴丁、布莱顿和肖克莱在贝尔实验室发明了晶体管，为信息革命的发展奠定了物理基础，他们因此获得了1956年诺贝尔物理学奖。1948年，香农在贝尔实验室发表了信息论，为信息革命的发展奠定了数学基础。这两项工作成为信息革命的开端。

20世纪50年代，贝尔实验室是数字交换机、金属氧化物半导体场效应晶体管（MOSFET, Metal Oxide Semiconductor Field Effect Transistor）等重大发明的诞生地。汤斯和肖洛在这里最先提出了激光原理。20世纪60年代，贝尔实验室发明了电荷耦合器件（CCD, Charge Coupled Device）、气体激光器、分子束外延装置、UNIX操作系统，并发现了宇宙微波背景辐射。20世纪70年代，贝尔实验室发明了C语言、32位处理器等，建设了第一个光纤通信系统。20世纪80年代，贝尔实验室发现了分数霍尔效应，发明了C++语言，时分多址（TDMA, Time Division Multiple Access）和码分多址（CDMA, Code Division Multiple Access）手机，第一条光缆，原子激光冷却技术等。20

世纪 90 年代，贝尔实验室发明了调制解调器（Modem）、量子级联激光、量子计算 Shor 算法等。

信息时代所有的重要发明，贝尔实验室独占一半以上，可谓半个世纪的风光天下无双。迄今为止共有 15 位诺贝尔奖得主（14 位为诺贝尔物理学奖）和 4 位图灵奖得主的获奖工作是在贝尔实验室完成的。可惜贝尔实验室的众多发明最终塑造出的移动电话和互联网，却反过来结束了贝尔实验室的辉煌。移动电话和互联网让固定电话变得不再必需，通话费用急剧下降，到了 20 世纪 90 年代末，经过反垄断法被拆分的 AT&T 公司已无力支撑贝尔实验室巨大的研发开销，人才纷纷流失。贝尔实验室随即被拆分，主体成为朗讯科技，2006 年被法国阿尔卡特收购。其余留在 AT&T 公司的部分也因为 21 世纪初的舍恩造假事件而一蹶不振，2005 年随着 AT&T 公司被收购重组而消失。2015 年，几乎退出手机市场的昔日巨头诺基亚收购了阿尔卡特 - 朗讯，命名为诺基亚贝尔实验室，一对难兄难弟的组合，都再也不复往日的辉煌。

贝尔实验室占有着信息革命一大半的重要发明（见图 3-1），但是没有让母公司 AT&T 成为信息时代的巨头，如同打井的人只喝了很少的水，反而是美国另一端的加利福尼亚诞生了硅谷，拿走了大部分的水。为什么硅谷没有出现在贝尔实验室所在的新泽西州？这可能是一个蝴蝶效应的典型例子，导致这个结果的关键人物就是威廉·肖克莱（William Shockley）。如果没有他，硅谷很有可能就换个名字诞生在美国东海岸。

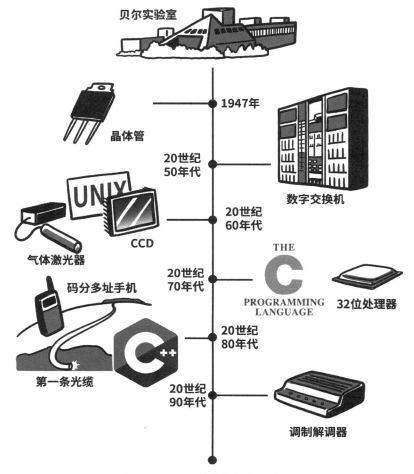

图 3-1　贝尔实验室的主要发明

3.2　硅谷传奇

　　肖克莱可能是一位"只要智商够高，情商就不那么重要了"的典型人物。他作为约翰·巴丁（John Bardeen）和布莱顿的小组长，指导他们发明了半导体晶体管，但完成这个历史性贡献后，巴丁和布莱顿认为肖克莱贡献不大，在申请专利时没有给他署名。愤怒的肖克莱认为自己才是晶体管的唯一发明人，单独申请专利，并把巴丁和布莱顿赶出了研究小组。巴丁后来离开贝尔实验室去了伊利诺伊大学，在那里与利昂·库珀（Leon Cooper）和约翰·施里弗（John Schrieffer）完成了超导 BCS 理论，成为历史上唯一获得两次诺贝尔物理学奖的人。布莱顿也没有再继续研究半导体晶体管。

坚守在半导体晶体管上研究的肖克莱（见图 3-2）因为独断专行的风格得罪了越来越多的同事。1956 年，怀揣着半导体商业梦想的肖克莱，为了同时照顾年迈的母亲，离开贝尔实验室回到了老家加利福尼亚创业。当时正值美国海军和斯坦福大学出租土地建设工业园区以鼓励创业。肖克莱在硅谷的山景城成立了肖克莱半导体实验室，广纳贤才，而这正是硅谷传奇故事的开始。

图 3-2　威廉·肖克莱（William Shockley）

一大批刚刚获得固体物理博士学位的年轻人被肖克莱的名气和梦想所吸

引，纷纷来到加州加盟了他的公司。这一年正值肖克莱获得了诺贝尔物理学奖，公司的未来充满希望。然而好景不长，肖克莱独断专行且多疑的风格惹恼了这些年轻人，他们不愿在公司天天被肖克莱用测谎仪审问。于是1957年，肖克莱手下的八位大将集体出走。他们接受富商谢尔曼·仙童的投资，在不远的圣何塞成立了"仙童半导体公司"。肖克莱称这八个人为"八叛逆"，如图3-3所示。他们走后，肖克莱半导体实验室从此一蹶不振。

图3-3 "八叛逆"（从左至右分别为戈登·摩尔（Gordon Moore）、谢尔顿·罗伯茨（Sheldon Roberts）、尤金·克莱纳（Eugene Kleiner）、罗伯特·诺伊斯（Robert Noyce）、维克多·格里尼奇（Victor Grinich）、尤里乌斯·布兰科、简·霍尼和杰·拉斯特（Jay Last））

"八叛逆"的带头大哥名叫罗伯特·诺伊斯，麻省理工学院物理学博士毕业，由肖克莱亲自打电话招募而来，是他手下最得力的干将。在肖克莱半导体实验室工作期间，诺伊斯曾提出半导体量子隧道效应的想法并汇报给肖克莱，被肖克莱当面驳回。可是远在日本索尼公司的江崎玲于奈随后也发现了这个效应，后来获得了 1973 年诺贝尔物理学奖，这令诺伊斯懊悔不已。"八叛逆"中还有一位叫作戈登·摩尔，就是后来提出集成电路芯片"摩尔定律"的那位。

仙童半导体公司成立后开发出了一系列商用硅晶体管，但是只有把很多晶体管集成在一起，才能做二进制数字计算的工作，于是集成电路成为半导体产业的目标。1958 年，德州仪器的基尔比（Kilby）率先发明了锗集成电路，领先仙童半导体公司一步，不过基尔比发明的锗集成电路还比较粗糙，不能商用。1960 年，诺伊斯发明了实用的硅集成电路，马上引领了半导体产业的发展方向。集成电路被发明出来后，半导体公司在美国如雨后春笋般出现，仙童半导体公司受到很大冲击，盈利能力逐年下滑，霸主地位渐渐不保。面对困境，谢尔曼·仙童一直从外面请职业经理人管理公司，没有实现让诺伊斯放手管理仙童半导体公司的承诺。

1968 年，诺伊斯和摩尔离开了仙童半导体公司，在附近的圣克拉拉成立了著名的英特尔（Intel）公司。Intel 为 Integrated（集成）和 Electronics（电子学）的缩写，也代表 Intelligence（智能），英特尔从成立至今一直是集成电路的代名词。"八叛逆"中的罗伯茨、霍尼和拉斯特在这之前也离开了仙童半导体公司，一起成立了 Amelco 公司。1969 年，仙童半导体公司的市场部主管杰瑞·桑德斯（Jerry Sanders）与另外 7 名同事一起离开，成立了美国超微半导体公司（AMD，Advanced Micro Devices Inc.）。此后的 40 年，电脑 CPU（中央处理器）一直是英特尔和 AMD 之间的竞争。

在英特尔和 AMD 等公司的激烈竞争下，仙童半导体公司在 20 世纪 70 年代逐渐淡出了市场，成为历史。但是作为半导体产业的"黄埔军校"，从仙童半导体公司走出去的杰出人物成立的公司分散在硅谷各地，成就了硅谷的崛起。如今硅谷的半导体公司一多半都能找到和仙童半导体公司的渊源。仙童半导体公司堪称第一代"硅谷传奇"。

在英特尔公司逐渐成为集成电路霸主之后，诺伊斯在 20 世纪 80 年代逐渐退居幕后，成为硅谷的"教父"，提携来到硅谷创业的青年才俊们。这其中最著名的一位就是苹果公司创始人史蒂夫·乔布斯（Steve Jobs），他和诺伊斯乃忘年交，情同父子。1990 年，诺伊斯去世，63 岁的年龄堪称"英年早逝"。2000 年，基尔比因发明集成电路获得了诺贝尔物理学奖。诺伊斯如果活到那一年，必然会和基尔比一起获奖，实在令人可惜。集成电路对人类文明的重要性怎么说都不为过，世界欠诺伊斯一个诺贝尔奖（见图 3-4）。

图 3-4　罗伯特·诺伊斯发明了集成电路

3.3　从集成电路到计算机

英特尔公司成立后很快就接替了仙童半导体公司，成为新的硅谷传奇，引领着半导体集成电路产业的发展。1965 年，还在仙童半导体公司的摩尔提出了集成电路的"摩尔定律"，即同样大小的集成电路上能刻制的晶体管和电阻的数量每年会增加一倍。1975 年，作为英特尔公司的 CTO，摩尔将他的定律修改为每两年增加一倍。此后实际的情况在摩尔的两次预言之间，大约每一年半，即每 18 个月，同样大小的集成电路晶体管和电阻的数量会增加一倍。英特尔公司成立后，集成电路微处理器和内存的发展基本上沿着摩尔定律更新换代，具体如图 3-5 所示。

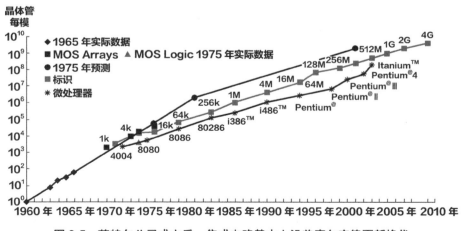

图 3-5　英特尔公司成立后，集成电路基本上沿着摩尔定律更新换代

随着硅谷的崛起，全世界的发达国家都加入半导体集成电路的产业竞争当中。在欧洲，诞生于第二次工业革命的两大电气巨头——德国的西门子公司和荷兰的飞利浦公司，都成立了半导体部门，开始生产集成电路。法国也成立了汤姆逊半导体公司，意大利也成立了 SGS 半导体公司，后来合并为意法半导体公司。

但美国集成电路产业最大的竞争对手在日本。那些大量诞生于 19 世纪末和 20 世纪初的日本电气公司都加入了半导体集成电路的制造当中，包括东芝、NEC、日立、松下、富士通、三菱等。这些日本企业把集成电路用在电视机、录音机、洗衣机、电冰箱等家用电器上，迅速占领了全球的家电市场。同时在日本还出现了基于集成电路的其他发明，即家用游戏机。任天堂、世嘉、索尼等企业一起垄断了这个市场，索尼还用集成电路开发出随身听等新产品。到了 20 世纪 80 年代中期，日本的半导体产业整体已经把美国拉下了王座。半导体集成电路的繁荣成为日本经济崛起最重要的一个标志。

作为集成电路发源地的美国当然不甘心，通过贸易战打压日本半导体产业，迫使日本签订了为期 5 年的《日美半导体保证协定》（1986 年年初至 1991 年 7 月 31 日止）。而集成电路微处理器和内存沿着摩尔定律快速发展，使得硅谷在酝酿着集成电路的一个伟大应用——个人计算机（俗称电脑）。走出第一步的就是我们耳熟能详的乔布斯，他于 1976 年和沃兹涅克在硅谷成立了苹果公司，并在 1977 年推出了第一台个人计算机。

随后远在纽约州的电气巨头 IBM 公司加入了个人计算机市场的竞争中。IBM 公司和英特尔公司结成了战略联盟，利用英特尔公司 8086 架构的集成电路微处理器开始统治计算机市场。当年的 286、386、486、586 就是英特尔公司 8086 架构中央处理器（CPU）沿着摩尔定律的更新换代，一直到英特尔公司推出奔腾系列中央处理器才摆脱这一系列的命名。这一时期又出现了康柏、戴尔等个人计算机巨头，中国的联想也诞生于这一时期。

美国打压日本的半导体产业，令日本这些大公司的日子越来越难过，很多日本工程师收入减少，不得不就近到韩国赚外快，这就促进韩国半导体产业在 20 世纪 80 年代的崛起。三星、LG、现代海力士等公司作为日本半导体产业的继承者，与硅谷展开差异化竞争，几经沉浮，三星和 SK 海力士逐渐成为全球集成电路内存芯片市场的巨头。中国台湾地区的半导体产业也在 20 世纪 80 年代同时崛起，华硕、技嘉、微星逐渐垄断了电脑的主板市场。

在个人计算机的核心 CPU 上，只有 AMD 公司能够和英特尔公司竞争，两家公司垄断 CPU 市场长达三十余年。英特尔公司的奔腾系列每出一代产品，AMD 公司都会出一个竞争产品。同时在显卡市场上，AMD 公司也收购了 ATI，成为显卡巨头英伟达（NVIDIA）公司的唯一竞争者。

除了那些完全依赖于集成电路的中央处理器、内存、主板和显卡，计算机中还有一个重要部分就是硬盘。目前，大容量硬盘利用的就是我们在第 2 章讲到的巨磁阻效应读写。磁盘时代的硬盘市场也是几经沉浮，最后由希捷、西部数据和东芝三大巨头垄断。21 世纪随着半导体闪存技术的不断成熟，固态硬盘的存储量越来越大，磁性硬盘恐怕也会逐渐退出市场，到时整个计算机的硬件部分会完全依赖于半导体集成电路。

计算机只有以上的硬件产品还不够，还需要软件，尤其是操作系统。1975

年，比尔·盖茨（Bill Gates）和保罗·艾伦（Paul Allen）在西雅图创建了微软公司，专注于计算机软件开发。从早期的 DOS 系统，到划时代的 Windows 系统，微软公司垄断了个人计算机的软件操作系统。软件几乎能够零成本复制令微软的利润超过了硅谷任意一家公司，而个人计算机只剩下苹果公司使用自研的操作系统。比尔·盖茨也因此占据全球首富的位置三十余年。

当然个人计算机并不是计算机的全部。那些存储网络数据的服务器，专门从事计算任务的超级计算机等，都是计算机家庭的成员，和个人计算机没有本质的区别，只不过普通人很少当面接触。此外，控制各种电气设备的单片机也属于计算机的范畴，称为嵌入式系统。总之，我们生活的方方面面已经离不开计算机了。

2007 年，苹果公司推出了一款划时代的产品，把计算机和无线通信工具（手机）结合起来，称为智能手机。计算机从桌面设备变成了手持移动设备，这是计算机发展的一个新的里程碑。在智能手机中，中央处理器采用能耗更低的 ARM 芯片，操作系统由谷歌公司的安卓和苹果公司的 iOS 分庭抗礼。在个人计算机上处于垄断地位的英特尔公司和微软公司就这样被排除在智能手机市场之外。苹果公司凭借智能手机这一发明反超了微软公司，成为市值最高的科技公司。三星电子也靠智能手机一度反超英特尔公司，成为世界上最大的半导体生厂商。华为公司也通过智能手机从通信设备巨头变成了整个半导体产业的巨头。智能手机也使得互联网从只连接计算机的网络扩展到了连接移动设备的移动互联网，彻底改变了我们的生活方式。计算机发展历史如图 3-6 所示。

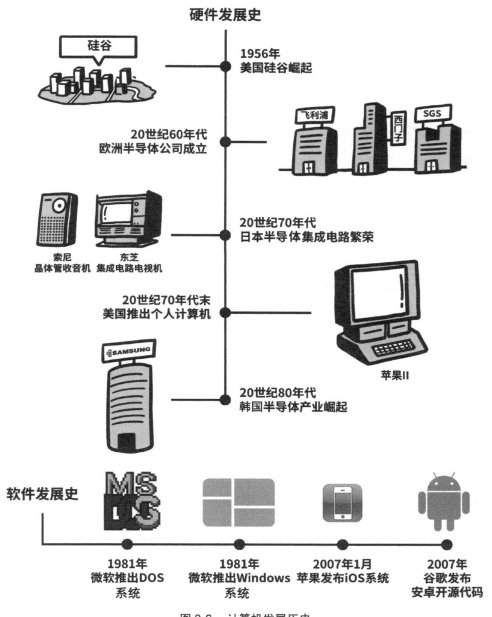

图 3-6　计算机发展历史

3.4　全球互联网

　　随着计算机的出现，人类信息处理能力得到极大的提升。那么信息传输能力也需要得到相应的提升才行，否则每台计算机都会成为一个信息孤岛。

　　在计算机出现之前，人类最先进的通信手段是有线电报电话和无线电通信。有线电报用的就是导线中的电流，如电报是在发送端把文字信息编码成电流脉冲，经过很长的导线，在接收端把电流脉冲解码成文字。电话是通过材料的压电效应，在发送端把声音信号产生的振动转化成电流信号，在接收端通过压电效应把电流信号转换成声音。无线电就是再增加一个步骤，发射端把电流信号编码成电磁波，可以选择调频或调幅两种方式对任意形状的电流信号进行编码，接收端把电磁波解码为电流。

　　这一时期的通信是声音、压力、温度、光强变化等物理过程和电流、电磁波的直接转换，因此电流和电磁波承载的信号称为模拟信号。模拟信号通信的一个顶峰是电视机，即电流信号可以通过电子束显像管变成图像，这需要有足够的距离来使磁场控制电子束偏转完成扫描，于是老式的电视机和计算机显示器都要做得很厚。另一个顶峰是无线电话，也就是非常厚重的"大哥大"。半导体晶体管的发明对模拟信号通信起到了非常重要的提升作用，摩托罗拉公司利用他们在晶体管处理模拟信号方面的技术优势，在 20 世纪 70 年代到 90 年代长期统治了无线电话市场。这个时期用电磁波传输模拟信号的通信网络就是第一代移动通信网络（1G，First Generation）。

计算机的物理本质是用半导体集成电路处理二进制数字信息，那么计算机之间的通信自然也需要变成数字信息的传输，于是模拟信号的通信网络显然已经不适合计算机了。早期计算机只是科研机构的奢侈品，在 20 世纪 70 年代，美国国防部和贝尔实验室都尝试过建立计算机之间的连接，用二进制数字信号 1 或 0 来表示电线中电流的有或无，用城际间的电线网络形成互联网的最早雏形，很多协议都是那时指定的。真正意义的全球互联网，是伴随着 20 世纪 80 年代个人计算机的出现而出现的。

回顾一下第 1 章最后一节提到的量子力学推动人类文明进步的两条路径，信息革命是"自下而上"的改变世界路径。有趣的是，对全球互联网最早的明确需求却来自另一条"自上而下"的认识世界路径，这就是全球粒子物理（也称高能物理）实验室跨洲际共享大量数据的需求。1989 年，在世界最大的粒子物理实验室欧洲核子研究组织（CERN，European Organization for Nuclear Research）工作的蒂姆·伯纳斯－李（Tim Berners-Lee）发明了全球互联网 World Wide Web（WWW 就是它的缩写）。因为粒子物理实验需要在大型对撞机内进行数以亿计的大量粒子碰撞事件，去捕捉很低概率激发出的新粒子那转瞬即逝的信号，因此这些实验室需要计算机来处理大量数据。伯纳斯－李的初衷是帮助全球仅有的几家大型粒子物理实验室建立全球互联网，共享计算机资源可以更快速地处理数据。中国第一个接入全球互联网的单位就是中国科学院高能物理研究所。

但是 20 世纪 90 年代是个人计算机的爆发式增长期，这让全球互联网很快走出粒子物理实验室，开始遍布全球。此时，连接全球的电缆资源已经满足不了互联网的需求。高琨发明的远距离低损耗光纤就派上了用场，用光纤内的激光

脉冲进行二进制数字信号通信（用0或1代表激光脉冲的有或无），不同激光信号可以共享同一根光纤，而一根导线只能传输一路电流信号。于是光纤让数字通信的带宽出现了质的飞跃，多根光纤绑成的光缆迅速取代了由导线组成的电缆，成为互联网的物理基础。从20世纪90年代开始，各个国家的城市间交通线路的地下开始大量铺设光缆，同时跨越海洋的海底光缆的铺设工程也在不断地进行中。

20世纪90年代，无线通信也步入了数字通信阶段，即开始用电磁波直接编码数字信号。随着通信卫星的数量大幅增长，诺基亚和爱立信等公司取代了摩托罗拉公司，成为无线数字通信的巨头公司。这个数字通信网络称为2G网络，即第二代移动通信网络，用以区分模拟信号通信网络。此后数字通信网络约每隔十年就更新换代一次，3G网络是无线通信设备大规模接入互联网的开始。互联网也从连接电脑为主的有线网络扩展到了终端连接智能手机为主的无线移动互联网，如今4G网络伴随着智能手机的普及已经成为移动互联网的基础，5G网络也正在普及中。今天的全球互联网结构可以比作一棵参天大树，树干是海底光缆，树枝是地下光缆，而树叶就是无线网络基站和Wi-Fi等。

随着互联网在20世纪90年代末变得繁荣，互联网公司不断涌现，引领了全球经济爆发式的增长。第一代兴起的互联网公司是门户网站，相当于传统媒体的互联网版本，如美国的雅虎，中国的搜狐、新浪、网易等。随着2000年左右的互联网泡沫的出现和破灭，第二代互联网公司很快兴起并取代了这些门户网站的统治地位。这些公司包括在全网范围获取信息的搜索引擎，如谷歌（Google）和百度；包括利用互联网完成商业交易的电子商务平台，如阿里巴巴、亚马逊和eBay；包括利用互联网做人与人之间的交流的社交平台，如腾讯和 Facebook。我们日常生活的方方面面已经离不开第二代互联网公司。

信息革命可以概括为一句话：物理学家发明东西，计算机软硬件公司把市场做大，最后互联网公司把钱赚走的故事。当然这只是调侃，不过也反映了信息革命的过程，即从集成电路到计算机再到互联网这一历程（见图 3-7）。

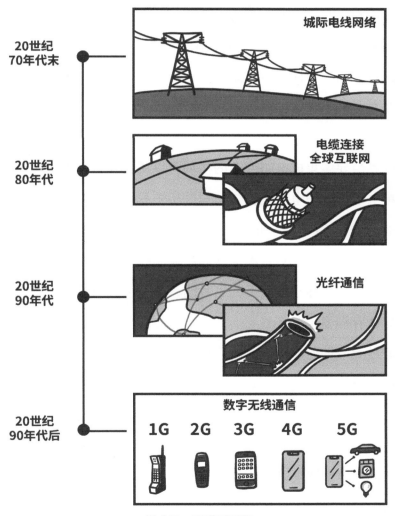

图 3-7　互联网历程

3.5　主导世界的信息产业

本章我们对信息革命做了追根溯源，简要地介绍了大约 70 年的信息革命历史。可惜我国错过了 20 世纪 60～70 年代最关键的集成电路爆发期，没有能够建立起自己的半导体工业体系，如今仍在苦苦追赶。这也导致我们的信息技术公司虽然能够做到很大并占领全球市场，但是在最核心的集成电路芯片上，仍未赶上美国。

当今世界半导体集成电路产业的格局可以用三超多强来表示，三超就是英特尔、三星电子和台积电。英特尔公司的历史我们已经介绍过了，一直是集成电路技术的引领者、CPU 的霸主，与对手 AMD 公司的差距也在逐渐拉大。三星电子的崛起得益于美国对日本半导体产业的打压，在多次金融危机中也得到了韩国的积极帮助，终于守得云开见月明，如今已经成为全球第一大半导体企业，在半导体存储器上处于统治地位，领先 SK 海力士和美光；在智能手机上也占有全球最大市场份额，领先苹果公司和华为公司，虽然优势在逐渐减小。

而台积电就比较有趣了，它是全球最大的半导体代工厂，就是说只生产其他厂家设计好的集成电路芯片，不生产电子产品。德州仪器的基尔比是集成电路的第一个发明人，尽管实用性上不及诺伊斯在仙童半导体公司晚一年发明的集成电路，但这使德州仪器成为最早具有集成电路制造能力的企业之一。而台积电的创始人张忠谋（美籍华人）就来自于德州仪器，是基尔比的同事，他为德州仪器立下汗马功劳，一直升到"三把手"的位置。1975 年，张忠谋受邀到中国台湾出任工业技术研究院院长，一手创办台积电（全称为台湾积体电路制造股份有限公司），这标志着中国台湾半导体产业的崛起。如今台积电是高通、苹果等这些只设计却不生产集成电路芯片的企业的主要代工厂。

张忠谋在德州仪器的老部下张汝京，在上海创办了中芯国际，为中国大陆带来了先进的集成电路制造技术。20 年来，上海没有像北京、深圳、杭州一样诞生互联网巨头，而是选择了最难啃的集成电路作为重点扶持产业，虽然失去了互联网，但是为中国大陆的集成电路产业保留了"火种"。中芯国际作为台积电在半导体代工上的直接竞争对手，受到了台积电大量的专利诉讼。我们希望中芯国际尽早做到台积电的规模，从而彻底解决中国大陆半导体产业受制于人的现状。

在当今的信息产业中，半导体集成电路公司做的是幕后英雄，在前台唱主角的主要是互联网公司，两者一里一外地主导着世界，成为朝阳产业的代名词。信息产业领域的公司一直霸占着全世界最值钱的公司的榜单。在 2019 年最新的全球公司股票市值排名中，微软第 1，苹果第 2，亚马逊第 3，谷歌第 4，Facebook 第 6，阿里巴巴第 7，腾讯第 8，英特尔第 22，思科第 23，三星电子第 27，台积电第 37，这还不包括没有上市的华为（若上市估计会进入前 10 名）。

在 2019 年全球财富 500 强排行榜上，信息产业类公司营业收入排名没有霸占榜单（如苹果第 11，亚马逊第 13，三星电子第 15，谷歌第 37）；但是在利润上普遍排名较高（苹果第 2，三星电子第 4，谷歌第 7，Facebook 第 14，Intel 第 15，微软第 21，美光第 28，SK 海力士第 29，阿里巴巴第 33，台积电第 39，腾讯第 41 ）。

在 2019 全球品牌价值 500 强榜单上，信息产业公司完全霸榜，占据了前 5 名。其中，亚马逊第 1，苹果第 2，谷歌第 3，微软第 4，三星第 5，Facebook 第 7，华为第 12，微信第 20，腾讯第 21，淘宝第 23，YouTube 第 32，天猫第 35，英特尔第 50，甲骨文第 59，戴尔第 67，思科第 72，Netflix 第 77，百度第 87，LG 第 91。在 100 名和 300 名之间还包括日立、索尼、松下、网易、京东、诺基亚、台积电、Adobe、SK 海力士、雅虎、博通、高通等。

信息产业目前的热点是利用计算机实现人工智能。但二进制数字计算机只能做到信息的存储和计算，做不到非逻辑的预测和反馈，所以计算机只能实现专用的智能，而不是像动物一样具备通用智能。因此现在的人工智能更准确的说法是机器学习。互联网巨头们凭借海量的数据资源，让各类机器学习算法模型能够得到充分的训练，从而解决实际问题，因此各大互联网公司都打出了人工智能的旗号。同时在集成电路产业上，英特尔等巨头以及一些新的芯片设计创业公司都在开发更适合机器学习的 GPU 芯片。而 GPU（图像处理器）芯片在机器学习上的优势也使得显卡巨头英伟达越做越大。可编程逻辑门阵列（FPGA，Field Programmable Gate Array）芯片也因为灵活性和并行性获得越来越多的关注，使得赛灵思（Xilinx）逐渐成为芯片巨头。

目前信息产业的另一个热点就是由 5G 无线网络推动的万物互联，目标是把人类制造出的所有产品（或产品包装）加入到集成电路芯片中，让其具备通信功能。4G 网络火了网络直播、短视频等产品。5G 网络会带来哪些新的改变，目前还无法预料。

也许第一次信息革命的高潮会出现在机器学习大规模应用在 5G 网络上，使得自动驾驶等梦想都实现的时候。也许会更进一步，在通用人工智能上也有所斩获。无论是工业 4.0、智能制造，还是"互联网 +"等新概念，它们都代表着信息产业正深刻改变着传统行业。正如两次工业革命彻底改变了农业生产一样，信息产业也将更深入地改变工业制造、农业生产，以及交通、医疗、教育、文化、娱乐等服务业，继续推动人类文明的进步。全球信息产业分布如图 3-8 所示，几大龙头企业占据产业之巅，不断地改变着世界。

图 3-8　全球信息产业龙头企业分布

Chapter 4
第 4 章
量子信息——第二次信息革命

第 3 章一开始提到，人类历史上每一次科技革命，都是以物理学上的重大突破为基础的。第一次科技革命（也称第一次工业革命）源自 17 世纪牛顿力学和热力学的发现，并在 18 世纪指导了瓦特等人改进了蒸汽机和机械制造等技术，将人类文明带入了工业时代；第二次科技革命（也称第二次工业革命）源自 19 世纪法拉第和麦克斯韦等物理学家在电磁学上的重大发现，以此为基础，科学家和工程师们陆续做出了发电机和电动机等重大发明，19 世纪末到 20 世纪初人类文明进入了电力时代。

经典物理学导致了以上两次科技革命的出现。那么 20 世纪下半叶出现的第三次科技革命，又称为信息革命，它的源头正是 20 世纪初由普朗克、爱因斯坦、玻尔等物理学家开创，并最终由海森堡、薛定谔、狄拉克等物理学家建立了量子力学。

我们介绍了通过量子力学研究电子和光子的性质以及在材料中的运动规律，物理学家在 20 世纪 50 ~ 70 年代间陆续发明了半导体晶体管、激光器、集成电路、磁盘、光纤等技术，以此为基础，20 世纪 80 年代以来陆续诞生了 PC、手机、互联网等，将人类文明彻底带入了信息时代。

但是这次信息革命是属于"经典信息"的革命。虽然我们必须用量子力学才能理解半导体和激光的本质与工作原理，但我们用它们处理的还是经典的二进制信息（0 或 1，叫作经典比特），即信息的载体是物质呈现的经典状态，而不是量子状态。信息的传输和计算都基于经典物理学描述的过程，而不是量子过程。当我们能够将物质呈现的量子状态用作信息载体，并且信息的传输和计算过程可以用量子力学描述和操控的时候，一门新的学科就登场了，那就是"量子信息学"。

4.1　经典比特 vs 量子比特

在经典信息学中，信息的最小单元叫作比特。一个比特在特定时刻只有特定的状态，0 或 1。所有的信息处理都按照经典物理学规律一个比特接一个比特地进行。

在量子信息学中，信息的最小单元叫作量子比特（Qubit），一个量子比特就是 0 和 1 的量子叠加态。直观来看就是把 0 和 1 当成两个向量，一个量子比特可以是 0 和 1 这两个向量的所有可能的组合，可以写作 $|\Phi\rangle = a|0\rangle + b|1\rangle$。这里用 Φ 代表 0 和 1 的叠加。$|\rangle$ 为狄拉克符号，代表量子态。a 和 b 是两个复数，满足关系 $|a|^2 + |b|^2 = 1$。于是一个量子比特可以用图 4-1 中的 Bloch 球来表示。相比于经典比特在 Bloch 球面上只有 0 和 1 两个点，量子比特的取值分布在整个 Bloch 球面上，即球面上任意一点都可以是某个量子比特的值。

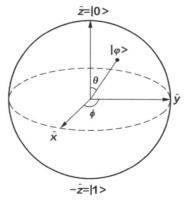

图 4-1　表示量子比特的 Bloch 球，球面代表了量子比特所有可能的取值

一个量子比特就是一个最简单的量子叠加态。即一个量子（可以是一个基

本粒子，或者复合粒子）可以同时处于 0 和 1 两个状态，但它既不是 0，也不是 1，这在经典物理学中是不可能出现的。薛定谔曾用一个猫的"生和死"两种状态叠加的假想实验，即"薛定谔的猫"来质疑他一手建立的量子力学的合理性。但是今天我们知道，一个量子叠加态会和经典系统相互作用而产生退相干，薛定谔的猫在粒子打到探测器上开始就早早发生了退相干，使得探测器从控制是 / 否打破毒药瓶到猫的生 / 死变成了两条独立的历史，打开盒子发现猫的生 / 死都成为经典的概率事件。同理，退相干令所有宏观物体在极短时间内就变成了经典的状态，掩盖了其组成粒子的量子本质。

4.2 跨越时空的诡异互动——量子纠缠

量子纠缠正是多粒子的一种量子叠加态。以双粒子为例，一个粒子 A 可以处于某个物理量的叠加态，可以用一个量子比特来表示，同时另一个粒子 B 也可以处于叠加态。当两个粒子发生纠缠，就会形成一个双粒子的叠加态，即纠缠态。如有一种纠缠态就是无论两个粒子相隔多远，只要没有外界干扰，当粒子 A 处于 0 态时，粒子 B 一定处于 1 态；反之，当粒子 A 处于 1 态时，粒子 B 一定处于 0 态。

再用薛定谔的猫做比喻，就是 A 和 B 两只猫如果形成上面的纠缠态：

$$|\Psi\rangle = A|\text{🐱🐱}\rangle + B|\text{🐱🐱}\rangle$$

无论两只猫相距多远，即便在宇宙的两端，当猫 A 是"死"的时候，猫 B 必然是"生"；当猫 A 是"生"的时候，猫 B 一定是"死"（当然真实的情况是猫这种宏观物体不可能把量子纠缠维持这么长时间，几万亿分之一秒内就会因"退相干"变成经典状态。但是基本粒子是可以的，如光子）。

　　2016 年 11 月 30 日，许多来自世界各地的互联网使用者加入了一项有趣的实验：贡献自由意志的随机数，用来检验贝尔不等式。时隔一年半，这项实验结果在《自然》（Nature）上正式发表，实验结果再次违反贝尔不等式，又一次验证了量子力学的正确性，即在更吹毛求疵的条件下验证了量子纠缠的存在。

　　那么什么是贝尔不等式？它为何能够验证量子纠缠？我们的故事要从爱因斯坦说起。

4.2.1　EPR 佯谬

　　爱因斯坦是 20 世纪最伟大的物理学家。他凭借一己之力提出了相对论，同时也是量子论早期的缔造者之一，量子力学和相对论是现代物理学的两大支柱理论，因此爱因斯坦的伟大自然不必多说。但是伟大的爱因斯坦也会犯错，其中，最著名的就是他不接受量子力学，那句著名的"上帝不掷骰子"名言就是出自爱因斯坦。

　　早期的量子论由普朗克、爱因斯坦、玻尔等物理学家建立时，还未成系统，因此物理学家们并没有注意到那些令人难以接受的地方。直到 1925—1927 这段时间，海森堡、薛定谔、狄拉克等物理学家建立了完整的量子力学，那些违反人类直觉的结论才逐渐显现。

1935 年，爱因斯坦与他手下的两个研究生波多尔斯基（B.Podolsky）和罗森（N.Rosen）合写了一篇论文，以思想实验的方式对量子力学的合理性提出了质疑，这就是著名的 EPR 佯谬（3 人姓氏开头字母的缩写）。

爱因斯坦首先从他的相对论视角出发，提出了一个局域实在论观点，即：

（1）物质是独立于观测者而客观存在的（实在论）；

（2）两粒子间任何的关联都不可以超过光速（局域论）。

爱因斯坦等人考虑两个粒子 A 和 B 组成的一对总动量为零的粒子（称为 EPR 对），两个粒子随后在空间上分开很大距离，如果复合局域论，那么两者之间不会有任何影响。例如，某时测得粒子 A 的位置为 x，意味着测得粒子 B 的位置为 $-x$；如果测得粒子 B 的动量为 p，就意味着测得粒子 A 的动量为 $-p$。这就是说在知道粒子 A 的准确位置之后，也能够知道粒子 A 的准确动量，同理粒子 B 也一样。于是这就违反了量子力学不确定原理，即与"不能同时确定一个粒子的位置和动量"相矛盾。

但是量子力学怎么说呢？在量子力学中，这两个粒子是一对量子纠缠的粒子，测量粒子 A 的位置的时候，它的动量是不确定的，粒子 B 的动量也是不确定的，他们互相关联着。随后测得粒子 B 的动量为 p 时，粒子 A 的动量就随之变成了 $-p$，但这并不代表之前测粒子 A 的位置时，粒子 A 的动量就为 $-p$，而仅仅是这次测量才使得粒子 A 和粒子 B 的动量波函数概率性地"塌缩"在 p 和 $-p$ 上面。如果粒子 A 依然存在的话，这次测量还会同时使粒子 A 和粒子 B 的位置变得不确定。这种跨越时空的关联超越了光速，显然违反了爱因斯坦的"局域论"，因此爱因斯坦把它称为"鬼魅的超距相互作用"（Spooky Action at a Distance），这就是量子纠缠。

爱因斯坦认为，一定有一个隐藏在量子力学背后的物理规律决定了粒子们的行为，这个规律应该是符合局域实在论的，而量子力学不符合局域实在论，所以是不完备的。于是他和玻尔之间展开了旷日持久的争论。

4.2.2 隐变量理论和贝尔不等式

在爱因斯坦同玻尔的争论中，物理学家自然分成了两派：一派站在爱因斯坦这边，认为量子力学背后隐藏着一个符合局域实在论的理论，像经典物理学一样严格决定了所有的现象，而量子随机性只是一个不完整的现象，这个理论称为"隐变量理论"；另一派站在玻尔这边，认为量子力学是正确的，在它背后并没有那个所谓的"隐变量理论"，量子力学的概率性就是对微观世界完整的描述，即"上帝是掷骰子的"。

能不能设计一个实验来判定到底有没有这个局域隐变量理论呢？贝尔不等式就登场了。这个不等式是由物理学家约翰·贝尔（John Bell）于 1964 年提出的（见图 4-2）。贝尔假设，如果存在局域隐变量理论，那么按照该理论，测量两个相隔遥远的粒子 A 和粒子 B，它们的间隔除以测量花费的时间大于光速，粒子 A 和粒子 B 之间不会发生任何联系，它们的行为都是事先决定好的，应该符合经典的概率模型。于是贝尔推导出了以下不等式：

$$|h(a, b) - h(a, c)| - h(b, c) \leqslant 1$$

其中，a、b、c代表测量粒子A和粒子B的两个探测器的3种模式，$h(a, b)=(Naa+Nbb-Nab-Nba)/(Naa+Nbb+Nab+Nba)$代表按照局域隐变量理论的测量计数关联的结果（$Nab$代表测量$A$的探测器处于模式$a$，测量$B$的探测器处于模式$b$时测到的粒子数量，以此类推）。如果存在局域隐变量，必须符合上述不等式，否则如果实验违反上述不等式，那就可以排除局域隐变量理论。

图4-2　贝尔不等式提出

5年之后，4位物理学家John Clauser、Michael Horne、Abner Shimony和R. A. Holt进一步对贝尔不等式做了推广，提出了更有利于实验验证的CHSH不等式：

$$h(a, b)-h(a, b')+h(a', b)+h(a', b') \leqslant 2$$

现在提到的验证贝尔不等式的实验，主要验证的都是CHSH不等式。由于实验技术的限制，直到 1982 年，第一个验证贝尔不等式（CHSH 不等式）的实验才横空出世。得益于激光技术和单光子探测技术的发展（激光和单光子探测器正是归功于量子力学预言和发现），法国物理学家阿斯派克（Alain Aspect）领导的小组利用量子光学方案，在实验上明确地观测到了违反贝尔不等式的结果（测量一系列纠缠光子得到的实验统计结果 >2），随后以蔡林格（A. Zeilinger）小组为代表的世界上很多团队做了一系列实验，都明确地违反了贝尔不等式。于是我们可以说实验已经基本上证实了局域隐变量理论是不对的，量子力学是对的，局域性必须被抛弃，即爱因斯坦派输了，玻尔派赢了。

贝尔不等式检验的实验已经走出实验室，向着更远的距离行进。2016 年 8 月，中国成功发射的"墨子号"量子科学实验卫星，在国际上首次在上千千米的星地距离上利用量子纠缠分发检验贝尔不等式，获得了违反贝尔不等式的结果，验证了量子纠缠在跨越 1200 千米的距离上依然存在。

4.2.3　无漏洞贝尔不等式检验

科学总是严谨的，物理学尤其严重，任何一个可能导致结果不可靠的漏洞都不能放过。过往的一系列检验贝尔不等式的实验可能存在三个漏洞。

（1）探测效率漏洞。如果单个光量子的探测效率太低，将导致漏掉太多光子计数，剩余的计数太少，使得结论变得不可靠，因此需要提高单光子探测效率（例如，CHSH 不等式要求探测效率高于 83%）。

（2）局域漏洞。即两个探测器分开的距离足够远，而且探测一对接一对纠

缠光子的时间间隔足够小，使得距离除以时间间隔小于光速，这样就能确保在探测过程中，探测器之间不会通过隐变量通信来商量好测量结果。

（3）自由选择漏洞。因为在实验中要靠随机数发生器来随机地选择 a、b、c 3 个模式（CHSH 不等式中是一个探测器采用 a 和 a' 两个模式，另一个探测器采用 b 和 b' 两个模式）。如果随机数发生器输出的并不是真正的随机数，而是神通广大的"隐变量"之前事先决定好的结果（隐变量在过去的某个时间点以光速把结果发给了所有随机数发生器），那么测量结果也将变得不可靠。这个漏洞颇具哲学意味，很多物理学家都不认为它是个漏洞。

依靠单光子源和单光子探测技术的不断进步，第一个漏洞和第二个漏洞已经不再是问题。第一个漏洞已经在实验上通过探测效率超过 90% 的探测器（超导单光子探测器）得到解决；第二个漏洞也在实验上通过高速的纠缠光子源和远距离的探测得到解决。2015 年，荷兰代尔夫特理工大学的物理学家们通过实验相距 1.3 千米的两个探测器，同时解决了第一个和第二个漏洞，得到了违反贝尔不等式（CHSH 不等式）的结果，他们称其为"无漏洞贝尔不等式检验"。

现在唯独剩下第三个漏洞，不能只通过技术的进步得到解决。物理学家的关注点就转移到了什么样的随机数才不可能受到局域"隐变量"的控制？一个方向就是把遥远的星光当作随机数源。如用两个都距离我们 100 万光年（1 光年约等于 94 605 亿千米）以外的恒星发出的光当作随机数源，这样就要求"隐变量"在 100 万年前就决定好了这两个恒星发的光在我们今天实验里产生的所有随机数。最近奥地利科学院的物理学家们已经通过银河系内距离地球约 600 光年的恒星发的光产生的随机数，观察到了违反贝尔不等式的结果。更远的星光如距离银河系几百万光年之外的星系，甚至上百亿光年之外的类星体，未来都可以当作随机数源。这样就要求"隐变量"必须扮演"特殊"的角色，在宇宙大爆炸的时候就决定好了现在所有的随机数。

另一个方向就是利用人的自由意志，让人的自由选择当作随机数源。如果人的行为完全受"隐变量"的控制，那么人类将不具备自由意志，都是隐变量的行尸走肉，研究物理学也将变得毫无意义。所以我们只能假设人的自由意志是不受隐变量控制的，能够选择出真随机数。不过由于人的反应时间一般都为 100 ~ 200ms，为了同时避免局域漏洞，两个人需要隔开一个光秒的距离，才能给各自的光源和探测器输入随机数。月球距离地球约为 1.3 光秒，符合这个要求。于是我们可以畅想图 4-3 所示的计划，将探测器一个放置在地球，另一个放置在月球，纠缠光子源放在地球和月球之间的拉格朗日点上，实验中向地球、月球两端发射纠缠光子，月球上的宇航员和地球上的人各自输入随机数控制探测器，来检验贝尔不等式。中国科学技术大学的团队在实验室模拟地球到月球距离信道损耗的条件下，利用自由意志随机数也获得了违反贝尔不等式的结果。

但是跨越地球和月球空间的贝尔不等式检验方案离最终实现还非常遥远，有没有一个可以利用现有资源做的方案？有，就是利用互联网，让更多的人参与进来，从而让随机数足够快（尽管在地球尺度上无法完全避免局域漏洞），这就是"大贝尔实验"的初衷。当你在那天坐在电脑前不断地敲下 0 和 1，你的随机数就发送到了世界上的 7 个实验室中，不知不觉中就为补上贝尔不等式实验检验的最后一个漏洞，再一次验证了量子力学的正确性做出了自己的贡献。

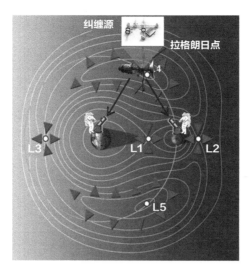

图 4-3　地球、月球空间贝尔不等式终极检验

但在本章中，我们提到的隐变量都是局域隐变量，即都符合爱因斯坦的局域实在论的隐变量理论。贝尔不等式就是建立在局域隐变量的基础上，但实验结果违反了贝尔不等式，代表着局域隐变量理论不存在。但是物理学家们也提出过非局域隐变量理论，如玻姆（David Bohm）理论。不过非局域隐变量理论只能作为量子力学的一种诠释存在，与哥本哈根诠释、多世界诠释、一致历史诠释等并列，都预言了同样的实验结果，因此无法依靠实验来分辨。

4.3　通信和计算的相辅相成

回顾经典通信的历史，1876 年，加拿大科学家贝尔发明了电话，使得人类可以利用导体中的电流来传输信息。随后的几十年内电流成为人类最主要的

"有线"通信手段。直到 1966 年，高锟发明了光纤，光纤通信成为除电流以外另一个主要的有线通信手段（见第 2 章）。1865 年，英国著名物理学家麦克斯韦整合了前人的电磁学的定律而提出了名垂史册的麦克斯韦方程组，并据此方程组预言了电磁波的存在。1887 年，德国物理学家赫兹在实验上发现了电磁波。随后的 10 年中，意大利人马可尼、俄罗斯人波波夫、塞尔维亚裔美国人特斯拉各自利用电磁波实现了通信。马可尼的团队更是将电磁波勇敢地射向天空，在当时还不知道大气层存在能反射电磁波的电离层的情况下，实现了横跨大西洋的电磁波通信。于是电磁波成为人类最主要的"无线"通信手段。

在第 3 章的"硅谷传奇"中，我们介绍了美国物理学家肖克莱、巴丁和布拉顿于 1947 年发明的半导体晶体管，从而人类可以使用微小的半导体来处理信息。10 年后，德州仪器公司的基尔比和 Intel 公司的创始人诺伊斯在此基础上制造出了集成电路，成为当代各种计算机和电子设备的核心。晶体管和集成电路标志着人类全面步入了信息时代。肖克莱和诺伊斯也顺理成章成为硅谷之父，使我们今天能用上各种各样的计算机和数码产品。

以上就是人类进入信息时代最重要的两个步伐，即"信息传输（通信）"和"信息处理（计算）"，中间相隔约 50 年。我们常常用"数码革命""数字化革命"，甚至"信息革命"来直接形容后者这次伟大的变革，但我们不能也不应该忽略前者这次同样伟大的变革。两者如同孪生兄弟，相得益彰，共同造就了我们今天的互联网：信息处理的设备作为终端，信息传输建立网络，二者缺一不可。

和经典信息学一样，量子信息学也主要包含两个方面：一个是信息的传输，

即通信，在量子信息学中就是量子通信；另一个是信息的处理，即计算，在量子信息学中就是量子计算。

由于本书的主要内容是量子通信，从第 5 章开始一直到本书的结尾，所有篇幅都会留给量子通信。那么下一节我们先简单介绍量子通信的孪生兄弟——量子计算。

4.4　量子计算简介

2019 年，Google 通过 53 个超导量子比特实现了"量子称霸"，又一次掀起了量子计算机的热潮。IBM、中科院量子信息与量子科技创新研究院（中国科学技术大学）、浙江大学也相继发布了 20 个超导量子比特的量子计算机。

很多伴随经典信息革命成长起来的信息技术领域大公司，都将量子计算机作为未来的技术发展趋势，并给予了很大的投入，包括 IBM、Google、微软等，其中，Google 投入最大，在 2014 年正式雇佣了加州大学圣芭芭拉分校的整个超导量子计算实验室，开创了私人公司全资建立量子计算实验室的先河。

中国最大的互联网公司阿里巴巴在经典信息技术上积累雄厚，同时中国科学技术大学在量子信息学研究上领先世界，特别是量子通信领域一枝独秀。在 Google 模式的启发下，两者共同在中国科学技术大学上海研究院（中科院量子信息与量子科技创新研究）联合成立了"中科院—阿里巴巴量子计算实验室"。这是中国首次引入民间资本来全资资助科研单位的基础科学研究。

量子计算为何有如此魅力吸引 IT 巨头们纷纷投入巨资研发？这要从量子物理学最基本也是最奇异的特性"叠加态"（Superposition）说起。在经典物理学中，物质在确定的时刻仅有一个确定的状态。量子力学则不同，物质会同时处于不同的量子态上。一个简单的例子就是双缝干涉实验：经典的粒子一次只能通过一个狭缝，但是量子力学的粒子一次可以同时通过多个狭缝，从而产生干涉。

传统的信息技术扎根于经典物理学，一个比特在特定时刻只有特定的状态：0 或 1，所有的计算都按照经典的物理学规律确定性地进行。量子信息扎根于量子物理学，前面提到的量子比特（Qubit）就是 0 和 1 的叠加态，因为处于叠加态，一个量子比特可以同时代表 0 和 1，对这个量子比特做一次操作，等于同时对 0 和 1 都做了操作。扩展下去，如一个 10bit 的数，经典计算每一次运算只能处理一个数，但是量子计算可以处理一个 10 量子比特的叠加态，这就意味着量子计算每一次运算最多可以处理 2^{10}=1024 个数（从 0 到 1023 被同时处理一遍）。

以此类推，量子计算的速度与量子比特数的关系呈 2 的 2 次幂增长关系（而经典计算机的速度和比特数仅仅是呈线性正比关系）。一个 64 位的量子计算机最高一次运算就可以同时处理 2 的 64 次方即 18 446 744 073 709 551 616 个数。如果未来一台 64 位量子计算机单次运算速度达到目前普通电脑 CPU 的级别（1GHz），那么这台量子计算机的数据处理速度理论上将是目前世界上最快的"神威太湖之光"超级计算机（每秒 9.3 亿亿次）的 1500 亿倍。

量子力学叠加态赋予了量子计算机真正意义上的"并行计算"，而不是像

经典计算机一样目前只能罗列更多的 CPU 来并行，艰难地维持着"摩尔定律"。在互联网和人工智能对大数据处理技术有强烈需求的今天，对信息处理速度的要求越来越快。量子计算就是凭借先天的量子叠加态优势，快得无与伦比，因此越来越获得互联网巨头们的重视（见图 4-4）。

经典计算机

量子计算机

图 4-4　量子计算机与经典计算机的区别

4.4.1　量子计算发展史

量子计算的想法可以追溯到诺贝尔物理学奖得主，美国著名物理学家费曼（R. Feynman）在 1981 年的一次演讲中，阐述了使用量子系统来模拟计算另一个量子系统的基本想法。随后 1985 年戴维 · 多伊奇（David Deutsch）提出现代量子计算机的模型，并探讨了概率图灵机与量子计算机是否能有效地模拟任意的物理系统的问题。

1994 年贝尔实验室的彼得 · 舒尔（Peter Shor）提出了质数因子分解量子算法，让世界看到了量子计算的威力。目前在全世界范围内广泛使用的公钥加密体系都是类似于 RSA 的加密结构，其安全性依赖于大数因数分解的困难性。使用公共密钥的团体包含各类国防军事机构、各类政务机构、各类银行金融机构等国家的重要部门，还有众多需要个人远程登陆的网站、邮箱等。但 Shor 提出的量子算法可以大大加速大数的质数分解，因而可以被用来破解广泛使用的公钥加密系统。如果公钥加密的密码被破解，所有运行在公共网络上的数据都将变得透明，必将对整个互联网的安全造成重大影响。

Shor 算法提出一年后，1996 年，同在贝尔实验室的洛弗 · 格鲁弗（Lov Grover）提出了 Grover 算法。该算法通过量子计算的并行能力，同时给整个数据库做变换，用最快的步骤显示出需要的数据。量子计算的 Grover 搜索算法远超出了经典计算机的数据搜索速度（耗费的时间是经典搜索的平方根关系），这也是互联网巨头们对量子计算的关注点之一。

近几年，量子计算机在人工智能方面的应用受到越来越多的关注，Google 也成立了相应的量子人工智能实验室。经典机器学习的算法受制于数据量和空间维度所决定的多项式时间，而量子计算机则通过 HHL 的量子算法能更快地操控高维向量并进行大数据分类，比经典计算机在机器学习速度上有显著的优势。如今，汽车自动驾驶、自然语言处理、搜索引擎、线上广告、推荐系统等都是机器学习的热门领域，因此量子计算机决定了包括特斯拉、Google、微软、Amazon、Facebook、腾讯、阿里巴巴、百度等 IT 产业巨头公司在未来的发展方向和趋势。

量子计算机在量子化学计算中有独特的优势。分子的模拟涉及求解数目众多的电子和原子的量子行为，在经典计算机上对其进行模拟非常困难，量子计算机可以大大加速模拟过程。D-Wave 公司的 CTO 乔迪·洛斯（Geordie Rose）认为："量子计算机最具颠覆性和吸引力的就是在分子维度上模拟自然，它在制药、化工还有生物科技等领域都有着广泛的应用，因此，量子计算可以撬动涵盖上述 3 个总价值 3.1 万亿美元的市场"。在生物制药方面，一款可上市药品必然会经历一个漫长的实验过程，而这些实验绝大多数又以失败而告终。因此，通过量子计算机来节省大量的时间和成本，不仅有利于这些公司的商业产出，反过来也能极大地降低抗癌药等高价药的成本，最终帮助到更多病患。

4.4.2　量子计算实现方案对比

了解了量子计算机的优势后，那么之后的最主要问题就是如何在物理上实现量子计算机。有两个最重要的指标决定着量子计算机的成功：一个是量子退相干时间，另一个是可扩展性。"退相干时间"指的是量子相干态与环境作用演化到经典状态的时间。因为量子计算必须在量子叠加态上进行，因此量子计算机的退相干时间越长越好；"可扩展性"指的是系统上可以增加更多的量子比特，从而才能走向实用化量子计算机。和经典计算机的简单增加比特不同，量子计算机需要把量子比特都耦合起来，因此难度是指数的，每增加一个比特难度都要翻番。表 4-1 所示为不同物理系统做量子计算参数比较。

表 4-1　不同物理系统做量子计算参数比较

物理系统	离子阱	光量子	核磁共振	超导电路	金刚石	超冷原子
退相干时间	~ 10s	长	~ 100s	~ 10μs	~ 10ms	~ s
可扩展性	差	较差	无	好	差	差

（1）离子阱方案是量子计算机最早提出的方案，用囚禁的离子的能级和振动模式作为量子比特，技术上较为成熟，但可扩展性有限，限制了它向实用化量子计算机的发展。这个方向上奥地利因斯布鲁克大学和美国科罗拉多大学在世界上占据领先地位。

（2）光量子方案利用的是单光子做量子比特，通过复杂光路系统来计算。光子不被吸收和散射的话它的相干性就一直能保持，因此它的退相干时间可以用现有的光学元件做到很长。它的可扩展性受到光子线宽和集成光路等技术的限制。在这个方向上中国科学技术大学（中科院量子信息与量子科技创新研究院）的潘建伟团队一直位居世界领先地位。

（3）核磁共振方案用的是小分子的原子核做量子比特，它有着出色的退相干时间，但是单个分子的大小完全限制了可扩展性。在这个方向上探索量子计算机的努力已经基本陷入停滞。

（4）超导电路方案是利用了超导体中的约瑟夫森结（Josephson Junction）来产生量子比特，虽然退相干时间短，但是在可扩展性上可谓一枝独秀，于是IBM、Google等信息巨头们大力投资这个方向。Google投资了加州大学圣芭芭拉分校（UCSB）的Martinis团队成立了Google-UCSB联合实验室；阿里巴巴集团曾经投资了潘建伟院士团队，在中国科学技术大学上海研究院成立了中科院—阿里巴巴量子计算联合实验室。

（5）金刚石方案利用金刚石中的色心缺陷（Nitrogen-Vacancy Centers）做量子比特，在退相干时间和可扩展性上受到了样品本身的限制。这个方向上中国科学技术大学的杜江峰院士团队位居世界领先地位。

（6）超冷原子方案与离子阱方案比较相似，可扩展性有限。目前更多的是用来做凝聚态系统的量子模拟，这个领域世界领先的是德国马普学会量子光学所（MPQ）、美国JILA实验室、哈佛—麻省理工联合冷原子中心等。

还有其他一些物理系统，如"拓扑量子计算"，利用一种叫作"任意子"的准粒子。能够让退相干时间保持得非常长，但是在可扩展性方面都无法与超导电路相比。因此物理学家和IT巨头们主要把未来通用量子计算机的期望寄托在了超导电路系统上。

4.4.3　通用型和专用型量子计算机

量子计算机的研制还分为通用型和专用型两种。通用型量子计算机指的是利用量子逻辑门控制量子比特来做量子计算，它可以看作是数字化（Digital）

的量子计算机。理论上证明通过受控非门（CNOT Gate）的各种组合就可以实现任意的量子逻辑过程。未来实用化的量子计算机一般都指通用型量子计算机。但是通用型量子计算机需要大量的量子比特和量子逻辑门，对物理系统的可扩展性要求很高（这也是超导电路方案在通用型中胜出的原因）。同时由于量子比特必须经过逻辑门幺正演化，某种程度上量子叠加态的威力也打了折扣。

为了更早地让量子计算机展现出它的优势，物理学家们想到了针对一些特殊的问题，可以用专用型量子计算机来解决。这些专用型量子计算机可以不需要逻辑门，只靠自身系统的特点来通过模拟的方式有针对性地解决问题，因此专用型量子计算机也称为量子模拟机（Quantum Emulator）。

专用型量子计算机在解决一些问题上已经凸显了优势。加拿大的 D-Wave 公司研制的就是用绝热量子算法来寻找基态（极值）的专用型量子计算机。中国科学技术大学（中科院量子信息与量子科技创新研究院）的光量子计算机用 5 个光量子模拟了玻色子采样问题，在这个问题上，它的计算速度已经超越了早期的经典计算机（例如，历史上第一台电子管计算机（ENIAC）和第一台晶体管计算机（TRADIC））。

表 4-2 列出了不同的物理系统在通用型量子计算机和专用型量子计算机上的进展。通过表 4-2，可以看出一个趋势，那就是通用型量子计算机已经逐渐形成了超导电路方案的一家独大，而其他的方案大多都转向了专用型量子计算机。今后量子计算机的发展，将是通用型和专用型两条腿走路，而且专用型量子计算机将更早地发挥它的作用。

表 4-2　不同物理系统在通用型和专用型量子计算机上的最新进展（截至 2019 年数据）

量子计算物理实现方案	通用型量子计算机	专用型量子计算机（量子模拟机）
离子阱	14 离子：奥地利因斯布鲁克大学 5 比特可编程：美国马里兰大学	暂无
光量子	Shor 算法分解 15：中国科学技术大学（中科院量子信息与量子科技创新研究院）	5 光子玻色子采样：中国科学技术大学（中科院量子信息与量子科技创新研究院）
核磁共振	Shor 算法分解 15：IBM	无
超导电路	53 比特：Google–UCSB 实验室 20 比特：IBM、中国科学技术大学（中科院量子信息与量子科技创新研究院）、浙江大学	绝热量子算法：加拿大 D–Wave 公司
金刚石色心	Grover 搜索算法：荷兰代尔夫特理工大学	绝热量子算法分解 35：中国科学技术大学（中科院量子信息与量子科技创新研究院）
超冷原子方案	暂无	光晶格量子模拟：MPQ，JILA，Harvard–MIT

4.4.4　什么是量子称霸

　　根据前面专用型和通用型量子计算机的区分，可以将量子计算机的研制目标分为以下三个阶段。

　　第一个阶段是"量子称霸"阶段：即专用型量子计算机针对特定问题的计算能力超越经典超级计算机，学术界将这一成就称为"量子称霸"（Quantum Supremacy）。一般实现量子称霸大约需要 50 个量子比特的相干操纵。实现量子称霸的技术难度是量子计算能力的重要体现，也是该研究领域的一个分水岭。

第二个阶段是实用化量子模拟机阶段：实现数百个量子比特相干操纵的专用型量子计算系统，应用于具有实用价值的组合优化、量子化学、机器学习等方面，指导新材料设计、药物开发等。

第三个阶段是通用可编程的量子计算机阶段：即能够相干操纵数亿个量子比特，实现可容错的量子计算机，能在经典密码破解、大数据搜索、人工智能等方面发挥巨大作用。

完成这三个阶段，意味着人类实现了量子计算机的梦想，这将是人类实现第二次信息革命，全面进入量子信息时代的标志。量子计算技术的发展路线如图 4-5 所示。

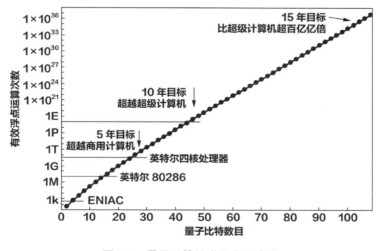

图 4-5　量子计算技术的发展路线

一台实用型的量子计算机不仅要求量子比特的数量，更要求量子比特的质量，如对一个 2000 位的数做 Shor 算法的因数分解，单个量子逻辑门的操控精度要求超过 99.9999%，目前的技术水平无法达到如此高的操作精度的要求。

理论上，只要我们的量子逻辑门操控精度可以达到一个阈值，比如 99%，那么就可以通过增加比特数量进行冗余编码的方式来提高量子逻辑门的操控精度。通常因数分解一个 2000 位的数大约需要 10 000 个逻辑量子比特，每个逻辑比特大约由 1000 个物理量子比特组成。

D-Wave 的 2000 比特无操控精度可言。实际上 D-Wave 制作的是专用型的量子退火机，然而由于 D-Wave 的比特的退相干性能极差，小于 10ns，业内普遍认为其不能算是一台真正意义上的量子退火机，距离量子称霸相去甚远。

IBM 的 50 比特读取保真度小于 90%，双比特门保真度约为 96%，并未达到纠错阈值，所以还不具备纠错的能力，离实用还有不少差距。另外，由于门操作保真度较低，难以达到 20 比特的纠缠。其他几家单位包括 Rigetti、Intel 的情况和 IBM 差不多。

目前，只有 Google 的两比特门操作精度是 99.3%，读取保真度是 99%，测控精度基本都达到了量子纠错的阈值。于是 Google 在 2019 年率先实现了 53 比特的"量子称霸"。

综合国内外现状，我国在光量子计算方面一直都处于世界领先地位。在超导量子计算方面，中科院量子信息和量子科技创新研究院和 Google 量子人工智能实验室、IBM 公司已是国际上最强的 3 家机构。不过发达国家拥有长期形成的强大半导体工业基础、人才资源储备、精密仪器设备制造能力和高效的科技成果转化链条，国际巨头企业的介入也提供了强大的研发资金保障。而我国在量子计算研究相关的公共技术积累比较少，特别是超导微纳加工工艺方面，需要积蓄一段时间才能实现超越式的发展。

按照国家对量子信息科技在"十三五"期间的统筹安排和整体部署，科技创新 2030"量子通信与量子计算机"重大项目的必要性和可行性都已得到充分论证。中科院量子信息与量子科技创新研究院也初步统筹了全国高校、科研院所和企业的创新要素与优势资源，为量子信息科学国家实验室的建立奠定了坚实的基础。我国预计在 2021 年实现"量子称霸"的科学目标，追赶上美国，占据领先地位。

4.5 即将到来的量子信息时代

以量子通信和量子计算为代表的量子信息将为我们带来第二次信息革命。表 4-3 所示从物理学基础和分支、新发明、能源、能量转换、材料等不同角度展现了人类的四次科技革命，前两次偏向能量，后两次偏向信息。而我们正处于第四次科技革命，即第二次信息革命的前夜。其中，量子通信和量子计算机，以及可控核聚变将成为第二次信息革命最重要的发明。

表 4-3 人类历史上的四次科技革命

	第一次科技革命	第二次科技革命	第三次科技革命	第四次科技革命
别名	第一次工业革命	第二次工业革命	第一次信息革命	第二次信息革命
物理学基础	经典力学		量子力学	
物理学分支	热力学、刚体力学、流体力学	电动力学（电磁学、波动光学）	凝聚态物理学 量子光学	量子信息学

续表

	第一次科技革命	第二次科技革命	第三次科技革命	第四次科技革命
利用热能发明	蒸汽机	内燃机、发电机	—	—
利用电能发明	—	电动机、电池、电灯、电报	半导体集成电路电子计算机	超导量子计算
利用光能发明	—	无线电通信	激光器、光纤通信、LCD、LED	光量子通信
新能源	煤炭	石油	核裂变	可控核聚变
新能量转换	化学能—热能—机械能	化学能—热能—电能—机械能和光能	核能—热能—电能—机械能和光能	核能—热能—电能—机械能和光能
新核心材料	钢铁	铜、磁铁、橡胶、塑料、化纤	半导体、超导体、光纤、巨磁阻材料	拓扑量子材料等

　　回首历史，每一次科技革命大约相距 100 年的时间。如第一次工业革命诞生在 1750 年前后，第二次工业革命诞生在 1850 年前后，第一次信息革命诞生在 1950 年前后。所以我们有理由期望第二次信息革命出现在 2050 年前后，届时人类能够实现实用化量子计算机，以及可控核聚变，将人类文明提高到全新的高度。

Chapter 5
第 5 章
量子通信——
量子信息革命的前奏

第 4 章我们提到量子信息学将引领第二次信息革命，其中，量子通信和量子计算是量子信息学最重要的两个分支。

量子通信不应该简单地从字面意思理解为通过量子来通信，它的真实含义更广泛，是利用量子力学原理对量子态进行操控，在两个地点之间进行信息交互，可以完成经典通信所不能完成的任务。

如在经典信息学发展中，电磁波通信要早于计算机的出现一样。在量子信息学的发展中，量子通信也作为排头兵走在了最前面，成为量子信息学最先的突破点和产业化方向。

量子通信按照应用场景和所传输的比特类型可分为"量子密钥分发"和"量子隐形传态"两个方向。其中，"量子密钥分发"可以通过对量子态的传输和测量，为经典比特传输（我们最常用的数字通信）建立牢不可破的量子密码，是为经典信息做加密服务的量子通信。目前，以量子密钥分发为基础的量子保密通信已经步入产业化阶段，开始保护我们的信息安全。"量子隐形传态"利用量子纠缠来传输量子比特，是服务量子计算机终端的量子通信，将应用于未来量子计算之间的量子互联网。

从本章起，本书将全面介绍量子通信。我们首先来回顾一下量子通信的诞生历史。

5.1　量子通信元年：两位"B"的相遇

提到量子通信，就不得不提量子通信的两位创始人，一位是美国物理学家查

尔斯 · 本内特（Charles Bennett），另一位是加拿大密码学家吉列斯 · 布拉萨德（Gilles Brassard）。

本内特的人生也堪称传奇。他本是化学专业出身，1964 年毕业于布兰代斯大学化学专业，随即去哈佛大学读博士，专业方向转为了分子动力学，用当时的早期计算机来求解分子运动的量子力学方程。这个方向属于量子化学（实际上可看成分子物理学的理论部分）的一大分支，本内特的工作重心也就转到了物理学和计算机方面。在哈佛读博期间，他还为 DNA 的发现者詹姆斯 · 杜威 · 沃森（James Dewey Watson）的基因编码课程当了一年助教。

本内特在布兰代斯大学时的一位同学斯蒂芬 · 威斯纳（Stephen Wiesner）学习了"量子不可克隆定理"后，产生了一个奇妙的想法，制造不可克隆的量子货币，即做到绝对防伪。本内特听到这个想法后产生了很大的兴趣，一直帮着他宣传，但当时这个想法太过超前，难以找到既听得懂又对此感兴趣的人。

我们可以用简短的篇幅证明量子不可克隆定理：设 $|A>$ 和 $|B>$ 是我们想克隆的两个随机量子态；$|C>$ 是我们用做克隆的基矢；U 是克隆算符。克隆过程用量子力学语言描述就是 $U|A>|C>=|A>|A>$ 和 $U|B>|C>=|B>|B>$。取过程 $U|B>|C>=|B>|B>$ 的复共轭，我们可以得到 $<B|A>=<C|<B|U^{*}U|A>|C>=<B|<B|A>|A>$，这就要求 $|A>=|B>$ 或者 $<B|A>=0$，那么就与 $|A>$ 和 $|B>$ 随机量子态的假设矛盾了。于是我们知道不可以克隆随机的量子态，这就是量子不可克隆定理。

本内特博士毕业后，于 1972 年加入了 IBM 研究中心，从事信息论的物理学原理研究工作，解决了麦克斯韦妖（Maxwell's Demon）佯谬。1979 年他在波多黎各举办的信息领域学术会议上认识了蒙特利尔大学的密码学专业的研究生布拉萨德（见图 5-1）。本内特事先读过布拉萨德的论文，觉得他会对量子货币感兴趣，能成为合作者。两人合作了一段时间发现，实在找不出可以实现量子货币的方案（因为量子态被测量就会塌缩）。

图 5-1　本内特和布拉萨德的相遇

但是在研究过程中，两人发现量子态的不可克隆和测量塌缩性质可以用在密码学上，即直接生成无法复制和截获的密码。经过一段时间的尝试，两人证明了此路可行！于是来自物理学领域的大 B——本内特和来自密码学领域的小B——布拉萨德，成功结合了量子力学和密码学，于 1984 年发表了第一个量子密钥分发方案，史称 BB84 协议。

因此，1984 年可称作量子通信的元年。随后的时间，两人再接再厉，于 1989 年和同样在 IBM 研究中心工作的斯莫林（John A. Smolin）合作，第一次实验演示了 BB84 协议。

1993 年，本内特、布拉萨德和另外 4 位合作者提出了利用量子纠缠传输量子比特的方案，即量子隐形传态。BB84 协议和量子隐形传态是量子通信最重要的两个成果，本内特和布拉萨德也因此当仁不让地成为量子通信的创始人。

2018 年，有着诺贝尔奖风向标之称的沃尔夫物理学奖颁给了本内特和布拉萨德。沃尔夫奖官网上介绍两人获奖的原因是"建立和发展了量子密码学和量子隐形传态"（for Founding and Advancing the Fields of Quantum Cryptography and Quantum Teleportation），这代表了国际上对量子通信的肯定，可谓众望所归。

那么接下来我们将分别介绍一些著名的量子密钥分发协议，以及量子隐形传态的原理。

5.2　量子密钥分发：BB84 协议

目前实用化的量子密钥分发正是由本内特和布拉萨德在 1984 年提出的 BB84 协议。该协议利用光子的偏振态来传输信息。因为光子的偏振有两个相互线性独立的自由度（偏振态相互垂直），所以信息的发送者和接收者可以简单选取"横竖基",即"+"和"对角基",即"×",作为测量光子偏振的基矢。在横竖基中,偏振方向"↑"代表0,偏振方向"→"代表1;在对角基中,偏振方向"↗"代表0,偏振方向"↘"代表1。

这样选择测量基的好处就是因为"+"和"×"不是线性独立的,相互不正交。例如,如果选择"+"来测量偏振态"↗"时,会得到1/2的概率为"→",1/2的概率为"↑"。同理,选择"×"来测量"→"时,会得到1/2的概率为"↗",1/2的概率为"↘"。

在传输一组二进制信息时,发送者对每个比特随机选一个基矢,即"+"或"×",然后把每个比特(在各自被选的基矢下)对应的偏振光子发送给接收者。比如传输一个比特0,选择的基矢为"+",则对应的光子的偏振态为"↑"。光子可以通过保偏光纤或者自由空间来传输,称为"量子信道"。

接收者也对接收到的每个比特随机选择"+"或"×"来测量。在测量出所有的0和1后,接收者和发送者之间要通过经典信道(任何经典通信方法)建立联系,互相分享各自用过的基矢,然后保留相同的基矢,舍弃不同的基矢。于是保留下来的基矢所对应的比特,就是他们之间通过量子通信传输的密码,见表5-1。

表5-1　BB84通信协议举例

发送的密码比特	1	0	1	1	0	1	0	0	0	1
发送者选择的基矢	+	×	+	×	×	+	×	+	×	×
发送的光子偏振	→	↗	→	↘	↗	→	↗	↑	↗	↘
接收者选择的基矢	×	×	+	+	×	×	×	+	+	×
接收到的光子偏振	↗或↘	↗	→	→或↓	↗	↗或↘	↗	↑	↑或→	↘
最终生成的密钥		0	1		0		0	0		1

我们可以看到，只有当发送者和接收者所选择的基矢相同的时候，传输比特才能被保留下来用作密码。

如果存在信息截获者，那么截获者也同样需要随机选取"+"或"×"来测量发送的比特。比如发送者选取基矢为"+"，然后发送"→"来代表 1。如果截获者选取的基矢也为"+"，他的截获就不会被察觉。但是截获者是随机选取的测量基矢，那么他就有 1/2 的概率选择"×"，这时量子力学的测量随机性质使截获该光子时测量到的结果变为 1/2 的概率为"↗"和 1/2 的概率为"↘"。作为接收者如果选取了和发送者同样的基矢"+"，则会把这个比特当作密钥。但如果接收者测量的是经过"×"截获的光子，则测量结果会变成 1/2 的概率为"↑"和 1/2 的概率为"→"。于是如果存在一个窃听者在半路测量这个比特，那么发送者和接收者在相同测量基下获得结果不同的概率就是 1/2 × 1/2=1/4。

因此想知道是否存在截获者，发送者和接收者只需要拿出一小部分密钥来对照。如果发现互相有 1/4 的不同，那么就可以断定信息被截获了。同理，如果信息未被截获，那么两者密码的相同率是 100%。于是 BB84 协议可以有效地发现窃听，从而关闭通信，或切换信道重新进行量子密钥分发。换句话说，只要是通过 BB84 协议成功生成的一组密钥，必定是通信中间无任何第三方截获窃听的密钥。那么用这组密钥来通过一次一密的方法对原文加密（最简单的异或加密算法即可），密文就能做到理论上最安全的程度，通信双方能真正地做到"天不知地不知，只有你知我知"的程度。

BB84 量子密钥分发协议使得通信双方可以生成一串绝对保密的二进制密码，用该密码给任何二进制信息做"一字一密"的加密（如做简单的二进制"异或"操作），都会使加密后的二进制信息无法被破解，达到信息论意义上的"无条件安全性"，因此量子密钥分发从根本上保证了信息传输过程的安全性。

BB84 协议一经提出，就获得了广泛关注，经过三十多年的理论发展和实验不断验证，世界上很多国家都相继建成了使用 BB84 协议的量子密钥分发网络，这其中以中国的量子保密通信"京沪干线"跨度最长（2000 余千米）、节点最多。

2017 年，中国的"墨子号"量子科学实验卫星已经完成了人类历史上首个星地量子密钥分发实验，采用的就是加入诱骗态的 BB84 协议，成码率达到 5kbit/s，验证了星地量子通信的可行性，为建立全球化量子密钥分发网络奠定了技术基础。

未来量子密钥分发将以产业化为主要目标，从地面和空间双管齐下，通过天上多颗小型量子通信卫星、地面多个光纤网络组成天地一体化的量子通信网络，最终使更安全的互联网惠及到每一个用户。

5.3 量子密钥分发：其他协议

5.3.1 B92 协议

本内特在 1992 年提出了一个简化自己 BB84 协议的版本，即 B92 协议。该协议与 BB84 协议的区别为在横竖基中，只选择偏振方向"→"代表 1；在对角基中，只选择偏振方向 "↗" 代表 0。其他和 BB84 协议相似，只不过发送者想发送 1，只能选取基矢 "+"；想发送 0，只能选取基矢 "×"。这样表 5-1 中 BB84 协议的例子就变为表 5-2 中的情况。

表 5-2　B92 通信协议举例

发送的密码比特	1	0	1	1	0	1	1	0	0	1
发送者选择的基矢	+	×	+	+	×	+	+	×	×	+
发送的光子偏振	→	↗	→	→	↗	→	→	↗	↗	→
接收者选择的基矢	×	×	+	×	×	×	+	×	+	+
接收到的光子偏振	↗或↘	↗	→	↗或↘	↗	↗或↘	→	↗	↑或→	→
最终生成的密钥		0	1		0		1	0		1

由于 B92 协议相比 BB84 协议缺少了一步发送者测量基矢的随机选择，如果截获者通过经典手段得到了发送者的测量基矢（一组经典比特），也就等于得到了发送者的信息，因此 B92 协议的安全性相比于 BB84 协议有所减弱。如果额外增加资源保护发送者的测量基矢，又使得性价比不如 BB84 协议。因此 B92 协议完全无法和 BB84 协议竞争，如今很少被使用。

5.3.2　E91 协议

E91 协议由牛津大学物理学家艾克特（Ekert）在 1991 年提出，这个协议不再使用 BB84 协议中的单光子方案，而是采用纠缠光子对来实现。相比于 BB84 协议，E91 协议的原理比较简单明了。

我们在 4.3 节介绍了量子纠缠的原理和历史。如果发送者不是像 BB84 协

议一样把一个个独立的光子发送给接收者，而是先在本地生成纠缠光子对，再把其中一个光子发送给接收者，使双方产生量子纠缠连接。

这时候再采取和 BB84 协议一样的比特定义和测量方法，发送者随机选取一组测量基矢"+"和"×"，接收者也随机选取一组测量基矢"+"和"×"，在横竖基"+"中，偏振方向"↑"代表 0，偏振方向"→"代表 1；对角基"×"中，偏振方向"↗"代表 0，偏振方向"↘"代表 1。假设双方的量子纠缠为 a|01>+b|10>。然后双方通过经典信道选取一致的部分测量基矢，只有在一致的测量基矢下，双方才会得到一致的量子纠缠的测量塌缩结果，然后双方就把这些结果存为一组密钥。E91 通信协议举例如表 5-3 所示。

表 5-3　E91 通信协议举例

发送的密码比特	1	0	1	1	0	1	1	0	0	1
发送者选择的基矢	+	×	+	×	×	+	×	+	×	×
发送者的光子偏振	→	↗	→	↘	↗	→	↗	↑	↗	↘
接收者选择的基矢	×	×	+	+	×	×	×	+	+	×
接收者的光子偏振	↘或↗	↘	↑	→或↑	↘	↘或↗	↘	→	↓或→	↗
最终生成的密钥		1	0		1		0	1		0

在 E91 协议中，如果存在窃听者，他只能在通信线路上拦截发送者发给接收者的纠缠光子，那样就是窃听者和发送者建立了量子纠缠，而接收者接收不到光子，测量不到任何结果，自然这些被截获的纠缠光子也就成不了密钥，窃听也只能起到拦截通信的作用。

如果窃听者神通广大，可以在测量到截获的光子时，伪造一个相同偏振的光子发给接收者，让其不察觉，再同时拦截经典信道，可以充当假的接收者。

但是窃听者发出的这个光子和发送者的光子之间是没有量子纠缠的。那么发送者和接收者之间可以利用检验贝尔不等式的方法（见 4.2 节）各自选取一些测量结果来检验量子纠缠是否存在，这样就可以马上发现窃听者。

反过来说，只要发送者和接收者之间成功共享了一对纠缠光子，那么线路上的窃听者完全无计可施。所以 E91 协议相比于 BB84 协议的优势是完全不用在意窃听者。BB84 协议检测到窃听者之后需要切换线路或者关闭通信，但 E91 协议在有窃听者时仍然可以继续通信，只是被窃听过的纠缠态失效而已。

虽然 E91 协议相比 BB84 协议有明显的优势，但也有明显的劣势。这个劣势并不是原理情况的，而是现实情况的，那就是纠缠光子对的产生速率无法满足通信需求。BB84 协议用的单光子源可以做到吉赫兹的速率（每秒发射十亿量级的光子），而目前最快的量子纠缠光源只能做到兆赫兹的速率（每秒发射百万量级的光子）。而且纠缠光子的时间脉冲宽度也远远没有单光子容易控制，这是由纠缠光子对的产生机制导致的。因此现阶段 E91 协议远远无法和 BB84 协议相竞争。只有期待未来某一天，全新的物理系统能够产生吉赫兹速率的纠缠光子对，并且脉冲宽度更容易控制，那样 E91 协议就会成为 BB84 协议有力的竞争者。

1992 年，在得知 E91 协议后，本内特和布拉萨德联合莫敏（N. D. Mermin）对 E91 协议做了改动，提出了 BBM92 协议，即收发双方不需要贝尔不等式来验证量子纠缠，而是采用和 BB84 协议一样的方法，即直接通过误码率的飙升来确定窃听者的存在。因此 BBM92 协议可以看成 BB84 协议的纠缠光子版本，整体上和 BB84 协议大同小异。

5.3.3 连续变量协议

前面无论是基于独立光子的 BB84 协议还是基于纠缠光子的 E91 协议，都需要去发送和测量单个光子。单光子的测量器件十分昂贵，也就意味着量子通信的成本无法降低到经典通信水平。那么有没有一种方法可以不需要单光子就能够实现量子密钥分发？这种方法如果存在的话，必须要利用光的宏观量子特性。

1999 年，澳大利亚国立大学的拉斐尔（T. C. Ralph）最早提出了利用光的宏观量子特性实现量子密钥分发的概念，即连续变量量子密钥分发。这里的连续变量是相对于光子能量这种离散变量而言的。对于一个光子来说，它在坐标空间和动量空间的不确定度就属于连续变量，两个不确定度的乘积符合海森堡不确定性原理。例如，相干态光子的这两个连续变量的不确定度一样大，而且多个相干光子可以拥有完全一样的连续变量，这就使得单光子的连续变量量子特性可以放大到很多光子组成的系统中。

2000 年，澳大利亚昆士兰大学的西利（M. Hilley）提出了利用光的压缩态来实现连续变量量子密钥分发的方案。压缩态就是压缩光子在坐标空间或动量空间的不确定度，根据海森堡不确定性原理，其中一个被压缩后，另一个就被放宽，导致一大一小。BB84 协议中的两个垂直的偏振方向可以由压缩态的这两个连续变量取代，再把单光子替换为弱的压缩态光，这就成为 BB84 协议的连续变量版本，可以用来做量子密钥分发。此外，用光学干涉的手段还可以建立两束压缩态光的连续变量之间的量子纠缠，然后就可以建立基于量子纠缠的量子密钥分发协议，例如，E91 协议的压缩态光版本等。

2001 年，来自法国科学院法布里光学研究所的格罗森（Grosshans）和格兰杰（Grangier）提出了利用相干态实现连续变量量子密钥分发的方案。因为光的真空态本身就是相干态（坐标空间和动量空间的不确定度一样大），所以单个光子一般情况下都处于相干态，激光就是大量光子组成的相干态。那么这个相干态的方案用普通的激光就可以实现，相比于压缩态方案，相干态方案省去了把激光经过一系列非线性光学器件变成压缩态的步骤。从此连续变量量子密钥分发得到了重视。

不过由于不是单光子方案，有窃听的隐患（例如，窃听者分出一点光强），连续变量量子密钥分发的安全性经过了长时间的论证，直到 2013 年才得到严格的证明，任何窃听者对相干态或者压缩态做出的微小改变都会第一时间就被收发双方发现，也就是说连续变量协议具备和 BB84 协议一样的安全性。

由于连续变量量子密钥分发协议可直接采用经典激光通信使用的各类器件，能直接和激光通信系统做无缝对接，在成本上比 BB84 协议具备优势，因此非常有潜力成为 BB84 协议的竞争者。现阶段在技术上，连续变量协议还没有 BB84 协议成熟，有许多技术难题有待解决，但是具有非常光明的前景。

 ## 5.4 量子隐形传态：量子比特的空间跳跃

由于量子纠缠是非定域的，即两个纠缠的粒子无论相距多远，测量其中一

个粒子的状态必然能同时获得另一个粒子的状态，这个"信息"的获取乍一看是不受光速限制的。于是物理学家自然想到了把这种跨越空间的纠缠态用来进行信息传输的想法。

但是，仅仅用量子纠缠是无法完成信息传输的。假设两个量子形成 $a|01>+b|10>$ 这样一个纠缠态，第一个量子取 $|0>$ 态时，第二个量子必然是 $|1>$ 态；第一个量子取 $|1>$ 态时，第二个量子必然是 $|0>$ 态。如果事先把这两个纠缠量子相互远离，把要传的信息给第一个量子编码，当让第一个量子取确定值 0 时，第二个量子马上变成确定值 1；第一个量子取确定值 1 时，第二个量子马上变成确定值 0；第一个量子作为发送者，第二个量子作为接收者，这样不就可以传信息了吗？想法很好，但是这个操作是错误的。因为想让一个量子取确定值，你必须去测量它。对第一个量子来说，它还是 0 和 1 各有一半的概率，你测量 N 次，每次只有 1/2 次的概率塌缩到你想要的确定值。所以发送者每次要挑选测对的 $N/2$ 个来编码。但这样接收方对第二个量子就懵了，因为测量结果是随机的，接收方没有办法知道你到底挑的哪一半来编码。

这时候为了传递信息，只能通过发送者用经典通信让接收者知道该挑哪些，这个经典通信是没办法超光速的，它也就限制了量子纠缠传递信息不能超光速。而且用了这个经典信道之后，本身就等于是经典通信了，因此用量子纠缠加经典信道的方式传输经典二进制比特意义不大，除了自带不可截获功能，其他方面不如直接用经典数字通信。

但是借助量子纠缠和经典信道，我们可以实现经典通信所不能做到的一件事，那就是传输量子比特。这个利用量子纠缠传输量子比特的量子通信方式称为"量子隐形传态"（Quantum Teleportation）。虽然借用了科幻小说中隐形传态（Teleportation）这个词，但量子隐形传态实际上和科幻中的隐形传态关系并不大。它是通过跨越空间的量子纠缠来实现对量子比特的跳跃式传输，即量子比特在一端消失，在另一端复现。

5.1 节提到本内特和布拉萨德等人提出了利用量子纠缠跳跃式传输量子比特的"量子隐形传态"协议就能够实现这个功能。该协议由以下几步组成。

1. 制备两个粒子的量子纠缠，将其中一个粒子发送至 A 点，另一个粒子发送至 B 点。两个粒子之间的纠缠态为以下 4 个"贝尔基"（Bell States）之一：

$$|\phi+> = \frac{1}{\sqrt{2}}(|0_A 0_B> + |1_A 1_B>)$$

$$|\phi-> = \frac{1}{\sqrt{2}}(|0_A 0_B> - |1_A 1_B>)$$

$$|\varphi+> = \frac{1}{\sqrt{2}}(|0_A 1_B> + |1_A 0_B>)$$

$$|\varphi-> = \frac{1}{\sqrt{2}}(|0_A 1_B> - |1_A 0_B>)$$

2. 在 A 点另一个粒子 C 携带想要传输的量子比特 $|\psi> = a|0_C> + b|1_C>$。假设 A 点和 B 点的 EPR 对处于纠缠态 $|\phi+>$，则 EPR 对和粒子 C 形成总的态，由以下 4 个态等概率幅叠加而成：

$$\frac{1}{\sqrt{2}}(|0_A 0_C> + |1_A 1_C>)(a|0_B> + b|1_B>)$$

$$\frac{1}{\sqrt{2}}(|0_A 0_C > - |1_A 1_C >)(a|0_B > -b|1_B >)$$

$$\frac{1}{\sqrt{2}}(|0_A 1_C > + |1_A 0_C >)(a|1_B > +b|0_B >)$$

$$\frac{1}{\sqrt{2}}(|0_A 1_C > - |1_A 0_C >)(b|0_B > -a|1_B >)$$

在 A 点的一方用某个贝尔基同时测量 EPR 粒子和粒子 C，得到测量结果为以上 4 个态之一。这个测量使得 EPR 对的纠缠解除，而 A 点的 EPR 粒子和粒子 C 则纠缠到了一起。

3. A 点的一方利用经典信道把自己的测量结果都告诉 B 点的一方。

4. B 点的一方收到 A 点的测量结果后，就知道了 B 点剩下的 EPR 粒子处于哪个态。如果 A 点一方的测量结果是 4 个态中的 1，则 B 点的一方不需要任何操作，A 点到 B 点的隐形传态实现。如果测量结果是 2、3、4，则 B 点的一方需要对 B 点的 EPR 粒子做不同的幺正变换，均可将其变为 $a|0_B > +b|1_B >$，于是隐形传态实现。

以上就是通过量子纠缠实现量子隐形传态的方法，即通过量子纠缠把一个量子比特无损地从一个地点传到另一个地点，不需要这个量子比特真实地在空间中运动。量子隐形传态示意如图 5-2 所示。

这里需要澄清一下。有很多不负责任的言论说量子隐形传态可以超光速，这是完全错误的，因为步骤 3 是经典信息传输，而且必不可少。而经典信息传输不可以超光速，所以步骤 3 不可以超光速，因此步骤 3 也限制了整个量子隐形传态的速度不可以超光速。

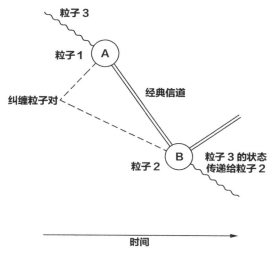

图 5-2　量子隐形传态示意

我国的"墨子号"量子科学实验卫星于 2017 年在国际上首次完成了地星量子隐形传态实验，证明了在地星上千千米的距离上依然能够实现量子隐形传态，为全球化量子信息处理网络奠定了基础。

因为量子计算需要直接处理量子比特，于是"量子隐形传态"这种直接传的量子比特传输将成为未来量子计算之间的量子通信方式，未来量子隐形传态和量子计算机终端可以构成纯粹的量子信息传输和处理系统，即量子互联网。那一天将成为第二次信息革命成功的标志，即人类全面进入量子信息时代。

最后我们用表 5-4 作为总结，来对比几个典型的量子通信协议的特点和现状，让读者们有一个更直观的了解。

表 5-4　量子通信协议对比

量子通信协议	传输信息类型	是否用到量子纠缠	是否已经实用化
BB84	经典比特（密钥）	否	是
E91	经典比特（密钥）	是	否
连续变量	经典比特（密钥）	可用可不用	否
量子隐形传态	量子比特	是	否

Chapter 6
第 6 章
实用化量子通信技术

第 5 章我们提到，目前实用化的量子通信技术只有量子密钥分发，也就是以测量量子态的方式生成无条件安全的二进制密码，为经典二进制信息做加密使用。而量子密钥分发协议中，主要采用的是 BB84 协议。其他的协议因为种种技术层面的限制，还没有进入实用化阶段。

但是现实中也无法直接达到 BB84 协议所要求的理想条件，尤其是理想的单光子源。目前高品质的单光子源还没有走出实验室，而且成本过高，所以在应用上只好采用廉价的激光二极管，把激光的模式调整到单光子附近的粒子数相干态。这个粒子数相干态就是第 2 章提到的激光原理，发现者格劳贝尔获得了 2005 年诺贝尔物理学奖。那么单光子附近的粒子数相干态称为弱相干态，就是有很大的概率分布在粒子数为 0 和 1 的量子态上，有很小的概率分布在粒子数为 2 的量子态上，粒子数越多的量子态概率越小。

这个时候如果存在窃听者，粒子数为 0 和 1 的量子态会被截获，导致接收者收不到。粒子数为 2 的量子态会被分离为两个一模一样的光子，再把其中一个发送给接收者。这样他就可以黑入量子信道，获取所有的量子密钥（尽管拦截粒子数为 2 的量子态会导致密钥生成效率变低，1 ~ 2 个数量级），这称为粒子数分离攻击。

因此实用化的量子密钥分发首先需要解决的就是不完美的单光子源问题。我们将在本章第 1 节首先介绍诱骗态量子密钥分发协议（Decoy-State QKD），它是对 BB84 协议的补充，可以实现不完美的单光子源下的 BB84 协议的无条件安全性。随后我们将在第 2 节和第 3 节介绍建立在此协议基础上的，我国建设的量子保密通信骨干网"京沪干线"，以及世界各国的量子保密通信组网计划。第 4 节将介绍测量器件无关量子密钥分发的进展，最后一节我们将介绍量子保密通信的标准化进程。

6.1 诱骗态量子密钥分发协议

2003 年，美国西北大学的 Hwang 提出了诱骗态量子密钥分发的最初想法，随后 2005 年，清华大学的王向斌教授、加拿大多伦多大学的罗开广教授分别独立提出了基于诱骗态的量子密钥分发实验方案。

顾名思义，诱骗态就是起到诱导和欺骗作用的量子态。由于光源的不完美，发送者有一定的概率会发送粒子数为 2（或 2 以上）的量子态给接收者，而窃听者就可以在其中做前面提到的粒子数分离攻击。诱骗态的核心思想是与其让这些粒子数 ≥ 2 的量子态被动地截获，不如干脆主动出击，自己制造这样的量子态，来诱导窃听者上当受骗。

例如，在执行 BB84 协议时，发送者可以把诱骗态光子藏到自己发送的密钥用的光子中，其中，诱骗态光子粒子数 ≥ 2 的量子态概率和密钥用的光子的粒子数 ≥ 2 的量子态概率不同。保持诱骗态光子和密钥用的光子以一个确定的比例发送，接收者可以根据这个比例来选择密钥用的光子，去除诱骗态光子。但是窃听者采用粒子数分离攻击的时候，完全无法区分所分离的光子是来自密钥用的光子，还是来自诱骗态的光子，这样窃听者采用一视同仁的粒子数分离攻击，会显著改变接收者收到诱骗态光子和密钥用的光子的比例，接收者就能第一时间发现窃听者。

诱骗态协议可以把量子密钥分发的安全通信距离从原始 BB84 协议的 10km 左右大幅度提高到 100km 以上（见图 6-1）。2006 年，中国科学技术大学潘建伟团队在世界上首次利用诱骗态方案实现了安全距离超过 100km 的光纤量子密钥分发实验。同时，美国洛斯阿拉莫斯国家实验室和美国国家标准局（NIST）的联合实验组，以及沃尔夫物理学奖得主奥地利蔡林格（Zeilinger）教授领导的实验室也使用诱骗态方案实现了安全距离超过 100km 的量子密钥分发实验。这 3 个实验同时发表在国际著名物理学期刊《物理评论快报》上，真正打开了量子通信技术应用的大门，量子通信得以从实验室演示开始走向实用化和产业化。

图 6-1　诱骗态量子密钥分发

6.2　中国量子保密通信"京沪干线"

我国高度重视量子通信技术的发展，积极应对激烈的国际竞争。21 世纪以来，在中国科学院、科技部、国家自然科学基金委等部门以及有关国防部门的大力支持下，中国科学家在发展实用化量子通信技术方面开展了深入研究，并在实用化和产业化方面一直处于国际领先水平。

2008 年，中国科学技术大学潘建伟团队在合肥实现了国际上首个全通型量子通信网络，并利用该成果为 2009 年庆祝中华人民共和国成立 60 周年关键节点间构建了"量子通信热线"，为重要信息的安全传送提供了保障。

2009 年，潘建伟团队又在世界上率先将采用诱骗态方案的量子通信距离突破至 200km。2012 年，潘建伟团队在合肥市建成了世界上首个覆盖整个合肥城区的规模化（46 个节点）量子通信网络，标志着大容量的城域量子通信网络技术已经成熟。同年，该团队与新华社合作建设了"金融信息量子通信验证网"，在国际上首次将量子通信网络技术应用于金融信息的安全传输。

从 2012 年年底起，潘建伟团队的最新型量子通信装备在北京投入常态运行，为"十八大"、纪念中国人民抗日战争暨世界反法西斯战争胜利 70 周年等国家重大活动提供信息安全保障。

习近平总书记于 2013 年 7 月 17 日在中国科学院考察工作时发表的重要讲

话中指出："量子通信已经开始走向实用化，这将从根本上解决通信安全问题，同时将形成新兴通信产业。"潘建伟团队在光纤量子通信中的多年技术积累为中国建立世界第一条量子通信骨干网络"京沪干线"提供了条件。

2013 年，光纤量子通信骨干网工程"京沪干线"正式立项，这条干线由中国科学技术大学下属的科大国盾量子信息技术有限公司承建，连接北京、上海，贯穿济南、合肥，全长 2000 余千米，是世界首条量子保密通信主干网。量子密钥分发在相邻可信中继站之间进行，用户可通过国防安全级别的可信中继接入网络。

京沪干线于 2017 年建成，这条干线实现了高可信、可扩展、军民融合的广域光纤量子通信网络，以及一个大尺度量子通信技术验证、应用研究和应用示范平台，推动了量子通信技术在国防、政务、金融等领域的应用，带动相关产业的发展。目前，京沪干线的用户数量和应用领域也在不断扩大，正逐步提高我国军事、政务、银行和金融系统的安全性。

目前的商用产品通过光纤可以实现距离一百多千米的诱骗态量子密钥分发。要实现京沪干线这么长距离的密钥分发，就需要增加中继节点。相邻的中继节点间进行量子密钥分发，用户密钥可以通过各对相邻中继节点间的量子密钥加密传输。在中继节点"可信"时，即中继节点的量子密钥保证安全保密时，利用"一次一密"的加密传输方法，就可以保证用户密钥传输的安全。这称为可信中继技术。

在实际建设中，保障可信中继安全的方案是根据需求来制定的。对于高级别的应用，可以采用与现有体制相同的方式，把可信中继节点设在专人值守的机房中，结合人员管理和技术手段来保障"可信"。对于商用通信应用，可以采用很多技术保障无人值守中继节点的安全可信，如中继节点的密钥"落地即密"技术、密钥分拆中继技术、中继密钥迭代变换技术等。一方面保障无人值守下的中继节点足够可信，另一方面消除中继节点密钥泄露造成的风险。总的来说，对于各级别的应用，可信中继的安全保障都可以做到有效和可靠。

在量子密钥分发组网方面，由于所有量子通信协议都需要经典信道的辅助，所以量子通信网络中仍然需要使用传统的路由器、交换机还有光传送网设备等来组建一个用于传输辅助密钥生成的经典通信网络。在京沪干线这样的量子保密通信网络中，经典网络的组网功能主要不是对量子信号做交换和路由，而是实现任意两个用户间的密钥协商。用户之间进行密钥协商的信令、数据等都需要通过经典通信网络传输，因此还必须使用经典网络的组网技术和设备，当然这些协商信息都可以公开而不会影响量子密钥的安全性。而量子信号层面上的组网，不通过路由器和交换机实现，而是以点对点的量子密钥分发为主。

"京沪干线"的建设也带动了整个量子通信产业链的发展（见图 6-2）。特别是在核心元器件国产化和相关标准制定方面，目前单光子探测核心芯片已经实现国产化。因为美国一直提防中国发展量子密钥分发技术，在 2017 年 8 月 15 日更新的针对信息安全类商品的出口管制清单中，明确将"专门设计（或改造）以用于实现或使用量子密码（量子密钥分发）"的商品列入，正式限制向中国政府类用户出口量子密钥分发相关商品或软件。2017 年 12 月 27 日更

新的针对"许可证例外"的说明中，量子密码类商品或软件只对中国非政府类
用户可以适用"许可证例外"，即如果向中国政府类用户出口量子密码类商品
或软件，必须取得美国官方的许可证。在这种背景下，量子通信国产化工作就
非常有意义。

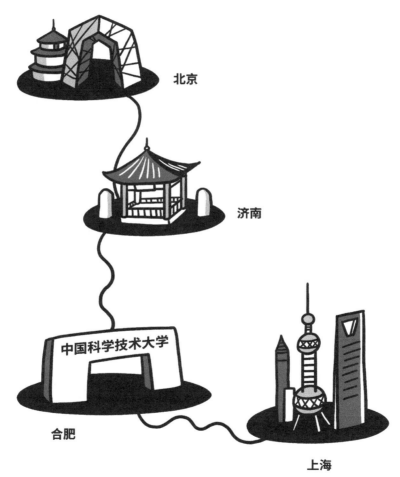

图6-2　"京沪干线"

6.3　世界各国的量子保密通信网络建设

如今世界上主要的发达国家都已经或正在加紧实施远距离量子通信干线工程。特别是 2013 年我国启动量子保密通信京沪干线工程建设以来，美国、英国、意大利、韩国、俄罗斯等发达国家迅速启动了相关工程，一些干线网络也已经初步建成。

6.3.1　美国量子通信网络建设

2016 年 7 月，美国国家科学技术委员会发布的战略报告披露了美国国防部陆军研究实验室（ARL）启动了为期 5 年的多站点、多节点的量子网络建设工作。在民用方面，美国也成立了一家专门从事量子通信网络建设的公司——Quantum Xchange，计划利用成熟的量子密钥分发（QKD）方法和专有的可信节点技术，在美国开展量子通信网络建设，并为政府机构和企业提供量子安全加密解决方案。目前，该公司已与美国光纤网络巨头 Zayo 合作，建设沿东海岸的连接华盛顿特区和波士顿的总长约 800km 的美国首个州际、商用量子密钥分发网络，目标是将华尔街的金融市场和新泽西州的后台业务连接起来，帮助银行实现高价值交易和关键任务数据的安全，并计划将服务范围拓展至健康医疗和关键基础设施领域。

6.3.2 英、意、俄、韩等国的量子通信网络建设

英国正在建设英国国家量子通信测试网络，目前已经建成连接 Bristol、Cambridge、Southampton 和 UCL 的干线网络，并于 2018 年 6 月扩展到英国国家物理实验室（NPL）和英国电信公司（BT）Adastral Park 研发中心，该网络由英国 2015 年启动的国家量子技术专项予以支持，由约克大学牵头建设。

意大利启动了总长约 1700km 的连接弗雷瑞斯（Frejus）和马泰拉（Matera）的量子通信骨干网建设计划，截至 2017 年已建成连接弗雷瑞斯（Frejus）– 都灵（Turin）– 佛罗伦萨（Florence）的量子通信骨干线路。意大利量子通信骨干网用户囊括了意大利国家计量研究院、欧洲非线性光谱实验室、意大利航天局等多家研究机构和公司。

俄罗斯于 2016 年 8 月宣布已经在鞑靼斯坦共和国境内正式启动了首条多节点量子互联网络试点项目，该量子网络目前连接了 4 个节点，每个节点之间的距离为 30 ~ 40km。而且 2017 年 9 月，俄罗斯国家开发银行计划投资约 50 亿元专项资金用于支持俄罗斯量子中心开展量子通信研究，并计划借鉴京沪干线经验，在俄罗斯建设量子保密通信网络基础设施，先期将建设莫斯科到圣彼得堡的线路。俄罗斯量子中心为俄罗斯储蓄银行建成了专用于传递真实金融数据的实用量子通信线路。

韩国计划到 2020 年，分 3 个阶段建设国家量子保密通信测试网络。目前第一阶段环首尔地区的量子保密通信网络已于 2016 年 3 月完成，该阶段网络自 2015 年 7 月启动，由韩国科学、信息通信和未来规划部资助，韩国最大的

移动通信运营商 SK 电信牵头，联合企业、学校、研究机构等多家单位共同完成，网络总长约 256km。

韩国第一阶段环首尔地区的量子保密通信网络，目前的用户主要分布在公共行政事务、警察和邮政等领域，正在向国防和金融领域拓展。还有个情况值得重视，那就是 2018 年 2 月 26 日，韩国 SK 电信宣布以约 6500 万美元的价格收购 IDQ 公司 50% 以上的股份，成为其最大股东，这次收购的主要目的是开发应用于电信和物联网市场的有关量子技术的产品，如图 6-3 所示。

图 6-3　韩国 SK 电信投资瑞士 IDQ

6.3.3　欧盟量子通信网络建设计划

欧洲是量子研发与工程实现的重地，前面也提到一些具体的国家量子通信工程建设的情况，这里再补充一些欧盟的总体进展情况。2016 年 5 月，欧盟委员会正式发布了量子宣言，启动了总投资 10 亿欧元的量子技术旗舰计划，主要目标之一是计划 10 年左右建成量子互联网。根据量子技术旗舰计划的终期报告，建设的推进计划也十分明确，具体是 3 年左右建设低成本量子城域网并建立量子通信设备和系统的认证及标准；6 年左右利用可信中继、高空平台或卫星实现城际量子保密通信网络建设；10 年左右建成量子互联网。

2018 年 5 月 7 日，量子技术旗舰计划项下的"量子协调和支持行动工作组（QSA）"向欧盟委员会提交了工作报告《Supporting Quantum Technologies beyond H2020》。报告指出：在量子通信基础设施方面，要建立基于光纤的城市量子密钥分发网络、城域骨干网络，以及用于偏远地区的卫星或高空平台（HAP），目标是为全球量子网络奠定基础。按照计划，5 年内将发射一颗低地球轨道（LEO）卫星，与地面站连接建立量子安全网络。预计未来 10 年，地面量子通信总投入在 3.5 亿欧元左右，天基量子通信总投入约为 11 亿欧元。

6.4　测量设备无关量子密钥分发

量子密钥分发使用大量测量单光子的探测器，这些探测器对光非常敏感，无法承受较强的光强。这就会导致系统设备有一个弱点，如果窃听者的目的不是窃取密钥，而是单纯地破坏量子密钥分发，就可以在接收者附近的信道上增加光源，对单光子探测器照射，进行致盲攻击，让接受者无法正常工作，这是实用化量子通信技术需要考虑的一个问题。

解决这个问题的方法是将探测器搬离接收者，让量子密钥的生成不受探测器的限制。如图 6-4 所示，发送者（Alice）不再直接向接收者（Bob）发送光子，接收者（Bob）也不再接收光子，他们都将光子发送给第三方并在那里进行干涉，再做一个贝尔态测量（第 5 章量子隐形传态一节中同样使用的是贝尔态测量），第三方将测量结果通过经典信道同时告诉发送者（Alice）和接收者（Bob）。这个测量等效于 BB84 协议中接收者的测量，同样可以在发送者（Alice）和接收者（Bob）之间生成没有第三方窃听的量子密钥。这个方案称为测量设备无关量子密钥分发（MDI-QKD），最早由加拿大多伦多大学的罗开广团队提出。

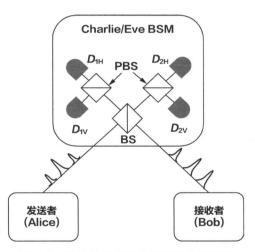

图 6-4　测量设备无关量子密钥分发示意

由于引入了第三方终端，测量设备无关量子密钥分发本身就具备了组网的属性。发送者和接收者可以选择多个第三方，即使其中一个第三方的单光子探测器被强光致盲攻击，信道可以随时切换到其他的第三方上，避免了像 BB84 协议中接收者无法躲避强光致盲攻击的难题。因此测量设备无关量子密钥分发

（MDI-QKD）和诱骗态量子密钥分发（Decoy-State QKD）协议一起，一个在发射端，另一个在接收端，将量子密钥分发从理想的 BB84 协议推进到了实用化的场景中。

2013 年，潘建伟团队成功开发了国际上领先的室温通信波段单光子探测器，并利用该单光子探测器在国际上首次实现了测量器件无关的量子通信，成功解决了现实环境中单光子探测系统易被黑客攻击的安全隐患，大大提高了现实条件下量子通信系统的安全性。2016 年，潘建伟团队实现了 404km 的测量器件无关量子密钥分发，创造了光纤量子密钥分发最远传输距离新的世界纪录，这个纪录甚至比理论上使用完美单光子源的 BB84 协议的安全传输距离还要长。

6.5　量子保密通信标准化进程

基于量子密钥分发（QKD）的量子保密通信技术从技术研发、网络部署到行业应用，近年来都取得了长足的进步，但要进一步实现量子保密通信从实用化到产业化规模应用，还面临着不少挑战。标准化是关键的一步，是未来产业成熟发展的基石。量子保密通信作为跨领域的系统工程，它的标准化从无到有，具有相当的难度和挑战。目前我国正全力推进量子保密通信标准化相关工作，特别是 2017 年 6 月，量子通信与信息技术特设组（ST7）在工业和信息化部中国通信标准化协会（CCSA，China Communication Standard Association）发起成立，已有 44 家会员单位，正在围绕量子保密通信标准体系的术语、应用场景、网络架构、技术要求、测试方法、应用接口等内容编制有关国家标准和行业标准，其中，中国信息通信研究院牵头的量子密钥分发测试方法研究已经发布。

2017 年，国际标准化组织（ISO）首先开展了量子密钥分发测评的标准化。我国专家已经于 2017 年 11 月在 ISO/IEC 国际标准化组织启动了 QKD 的全球首个国际标准项目"Security requirements, test and evaluation methods for quantum key distribution"，正式开启了 QKD 的国际标准化进程。这些工作都为下一步发展量子通信产业奠定了基础。

2018 年，ITU 也跟进了量子密钥分发标准化工作。如果进展顺利，那么商用量子密钥分发的国际标准在 2021 年左右就可以建立。2018 年 6 月，欧洲电信标准化协会（ETSI）牵头，联合来自英国、美国、日本及欧洲各国的量子通信领域的知名专家，共同发布了最新的白皮书《量子密码的实施安全—介绍、挑战和解决方案》，对影响量子密钥分发系统安全的各个方面进行了系统分析，并给出了避免相应攻击的对策。

目前，我国的量子密钥分发设备、器件等的安全评测和行业标准化工作正在国家密码行业标准化技术委员会、全国通信标准化技术委员会及全国信息安全标准化技术委员会等机构的组织下有序展开，相关成果正在陆续发布中。

量子密钥分发新方案的提出也在减少量子密钥分发实际系统的安全漏洞，拓展量子密钥分发的应用范围。例如，测量设备无关量子密钥分发协议的提出已经从根本上解决了和探测系统相关的所有安全性疑虑，并且增强了基于不可信中继实现安全量子密钥分发网络的覆盖能力。在性价比方面，量子密钥分发关键器件的芯片化在国内外已经取得了很多成果，为集成化、小型化、低成本化开创了局面。

总之，实用化量子通信技术正在经历着从研究向产业转化的进程。电子信息产业界的巨型集团，例如，美国 IBM、AT&T、诺基亚贝尔实验室、英国电话电报公司、德国西门子公司等都纷纷投入量子通信的产业化研究中。未来，随着量子通信技术的产业化和广域量子通信网络的实现（见图 6-5），作为保障未来信息社会通信安全的关键技术，量子密码很有可能会进入千家万户，建立量子加密的互联网服务于大众，成为电子政务、电子商务、电子医疗、生物特征传输和智能传输系统等各种电子服务建立前所未有的信息安全标准，为当今这个高度信息化的社会提供基础的安全服务和最可靠的安全保障。

图 6-5　量子通信争霸

第 7 章

"墨子号"量子科学实验卫星

第 6 章我们介绍了实用化量子通信技术的方方面面，重点都在光纤量子通信网络上。由于激光在光纤中传输存在固有损耗，最好的光纤也有每千米约 0.2dB 的损耗，相当于光子在光纤中走 1km 就有 4.5% 的概率损失掉，那么走 100km 就有 99% 的概率损失掉。这种损耗使得地面光纤量子密钥分发有一个传输距离的上限。

为了将量子通信在更远的距离上应用，有三种方式可以选择（见图 7-1）：

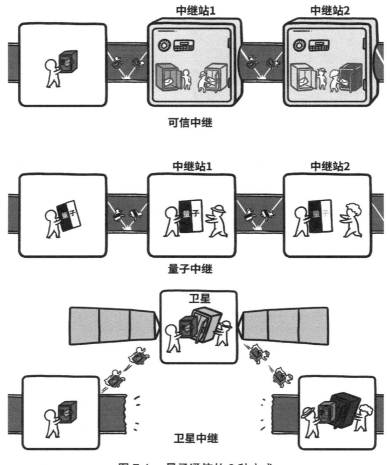

图 7-1　量子通信的 3 种方式

第一种是在光纤中利用可信中继，如京沪干线的做法，这也是目前国际上建设量子通信网络的主要方法。第二种是在光纤中利用量子中继，建设全量子网络。尽管量子中继技术也在飞速发展，但是离实际应用还有一段距离。第三种就是利用自由空间信道的低衰减特性，用卫星作为终端来扩展量子通信距离。"墨子号"量子科学实验卫星就是世界上第一颗卫星量子通信终端。

7.1 光纤量子中继 vs 卫星量子通信

量子中继的核心在于量子存储器，即把一个光子存起来，在合适的时间再读出来，不改变量子态。由于量子态本身的脆弱性，存储和读取过程中不改变量子态会非常困难。但如果没有量子存储器，实现量子通信的成本将随着通道长度呈指数增加。

2001 年，段路明和 Lukin、Cirac、Zoller 提出了一个利用线性光学和原子系综实现量子存储器的方案（DLCZ 方案），但是该方案难以在现实通信环境中实现。为了克服相关的缺陷，2006 年，潘建伟团队提出了一种容错的量子中继器方案（哈佛大学的 Lukin 小组也独立地提出了类似的理论方案），给出了原始的量子中继器的一个物理实现方法。基于这些方案，国际上有多个实验组先后开展了与原子系综相关的实验研究，如哈佛大学的 Lukin 组、加州理工学院的 Kimble 组、乔治亚理工学院的 Kuzmich 组、中国科学技术大学和德国海德堡大学的潘建伟联合组等，取得了一系列激动人心的进展，包括实现了可控的单光子源、单光子的读出和异地存储、光子－原子系综纠缠等。

2008 年，潘建伟团队利用冷原子量子存储首次实现了具有存储和读出功能的纠缠交换，完美演示了量子中继器。2009 年，该团队又将量子存储的时间提高到毫秒量级，较之前最好的结果提高了两个量级。2012 年，该团队成功实现了 3.2ms 的存储寿命及 73% 的读出效率的量子存储，为当时国际上量子存储综合性能指标最好的实验结果。2016 年，该团队又实现了 220ms 的存储寿命及 76% 的读出效率的量子存储，可满足 600km 量子中继的需求。

但是量子中继离实用化还有一段距离。一个实用化的量子中继器的实现难度堪比实现一台量子计算机。于是利用卫星来建立量子通信网络的选择得到了极大的重视。量子通信卫星可以在全球范围内覆盖各类海岛、远洋船舶、驻外机构等光纤难以或者无法到达的地方，保障我国在全球范围信息传输的安全。

潘建伟团队是中国唯一开展卫星量子通信实验研究的团队。2005 年，该团队在国际上首次在相距 13km 的两个地面目标之间实现了自由空间中的纠缠分发和量子通信实验，明确表明光量子信号可以穿透等效厚度约 10 千米的大气层实现地面站和卫星之间自由空间保密量子通信。2007 年，该团队在长城实现了 16km 水平高损耗大气信道的量子态隐形传输，这是国际上第一个远距离自由空间隐形传态实验，实现了 4 个贝尔态的完全测量和主动幺正变换。这一实验和基于卫星平台的量子通信实验研究共同为真正实现地面与卫星间的量子通信实验积累了相关技术经验。2008 年，该团队在中科院上海天文台对高度为 400km 的低轨卫星进行了星－地量子信道传输特性试验，验证了星－地量子信道的传输特性，首次完成了星－地单光子发射和接收实验。英国《自然》（*Nature*）杂志用"量子太空竞赛"一文专门报道了潘建伟团队和蔡林格（A. Zeilinger，潘建伟的博士导师，现任奥地利科学院院长）团队在卫星量子通信领域的竞争，并指出："在量子通信领域，中国用了不到 10 年的时间，由一个不起眼的国家发展成为现在的世界劲旅；中国将领先于欧洲和北美……"。

2012—2013 年间，潘建伟领衔的团队实现了上百千米自由空间量子态隐形传输和纠缠分发，并实现了星地量子通信可行性的全方位地面验证。这些研究工作坚实地证明了实现基于卫星的全球量子通信网络和检验空间尺度量子纠缠的可行性，量子卫星蓄势待发。

7.2 领先世界的"墨子号"卫星

"墨子号"量子科学实验卫星是中国科学院空间科学战略性先导专项的首批科学卫星之一（见图 7-2），其科学目标由中国科学技术大学潘建伟院士提出，通过在卫星与量子通信地面站之间建立量子信道，完成一系列具有国际领先水平的空间量子通信实验任务。墨子号的科学目标首先是进行星地高速量子密钥分发实验，并在此基础上进行广域量子密钥网络实验，以期在空间量子通信实用化方面取得重大突破。同时在空间尺度进行量子纠缠分发和量子隐形传态实验，开展空间尺度量子力学完备性检验的实验研究。"墨子号"卫星于 2011 年

年底正式立项，2016 年 8 月 16 日成功发射。"墨子号"卫星发射前综合测试如图 7-3 所示。

图 7-2 "墨子号"卫星

图 7-3 "墨子号"卫星发射前综合测试

"墨子号"卫星配置了 4 个主载荷，分别为量子密钥通信机、量子纠缠发射机、量子纠缠源和量子实验控制与处理机。卫星项目突破了一系列的关键技术，包括同时与两个地面站的高精度星地光路对准、星地偏振态保持与基矢校正、高稳定星载量子纠缠源、近衍射极限量子光发射、卫星平台复合姿态控制、星载单光子探测、天地高精度时间同步技术等。

根据卫星特点和实际需求，在卫星工程研制上设置了工程总体和六大系统，即卫星系统、运载火箭系统、发射场系统、测控系统、地面支撑系统和科学应用系统。中国科学院上海微小卫星创新研究院负责研制卫星系统及卫星平台。中国科学院上海技术物理研究所联合中国科学技术大学研制有效载荷。中国科学技术大学负责科学应用系统研制。中国科学院国家空间科学中心负责地面支撑系统的研制运行。

量子纠缠源则是卫星上纠缠光子对的产生源头，将纠缠光子对分发给两个发射光机载荷，为纠缠分发实验核心。量子密钥通信机与量子纠缠发射机可与地面站建立双向跟瞄链路，实现光信号的传递。其中，量子密钥通信机在卫星姿态机动指向地面站的基础上，进行小范围跟踪，实现与地面站的 ATP 链路对接，并可产生发射量子密钥信号、接收地面站的量子隐形传态信号以及发射一路纠缠光子对。量子纠缠发射机可通过自带二维转台机构实现与另一个地面站的大范围光链路对接，进行另一路纠缠光的发射。量子实验控制与处理机进行量子科学实验任务的流程控制，时间同步，实现密钥分配实验密钥基矢比对、密钥纠错和隐私放大等数据处理，最后提取最终密钥，此外实现纠缠实验和隐形传输接收的数据分析处理。量子科学实验卫星有效载荷关系如图 7-4 所示。

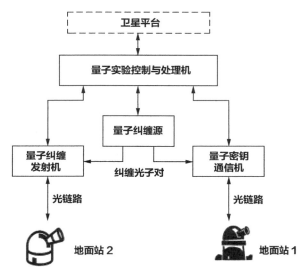

图 7-4　量子科学实验卫星有效载荷关系

7.2.1　量子纠缠源

量子纠缠源是星地量子纠缠分发的核心，可以产生高亮度的纠缠光子对，纠缠亮度达到 5.6MHz 以上。量子纠缠源产生的纠缠光子分别通过光纤传输给量子密钥通信机与量子纠缠发射机，然后发送到两个地面站。量子纠缠源的难点在于实现航天工程化，在空间复杂环境下保持系统内各光学组件的稳定性与可靠性。量子纠缠源采用周期性极化晶体 PPKTP，基于 Sagnac 环产生纠缠光子。波长为 405nm 泵浦光被波片调节为 45° 后经过 PBS，被等概率地分为顺时针和逆时针两路进入 Sagnac 环。一路泵浦 PPKTP 晶体产生信号光，再经光路中半波片后发生极化反转；另一路泵浦光先经过半波片变为 H 偏振光，在泵浦 PPKTP 晶体同样产生信号光。两路产生的光经 PBS 完成单光子干涉出射后，在 PBS 的透射路与反射路进行探测时，无法区分探测到的光子是来自第一路还是第二路，这就形成了双光子纠缠态。量子纠缠源实物图如图 7-5 所示。

图 7-5　量子纠缠源实物图

7.2.2　量子纠缠发射机

量子纠缠发射机基于轨道预报数据及卫星姿态机动，对地面站进行大范围初始指向完成捕获，实现高精度跟踪与瞄准；具备量子密钥信号产生与发射功能；具备量子纠缠光极化检测与校正功能，实现纠缠光发射；具备信标光、同步光的产生发射功能。量子纠缠发射机望远镜口径大于 180mm，采用二维转台机构进行粗跟踪，快速反射镜进行精跟踪。跟踪范围方位轴为 ±90°，俯仰轴为 −30° ~ +75°，在轨对地面站跟踪误差最优小于 0.5μrad，光量子发散角小于 12μrad。量子纠缠发射机实物图如图 7-6 所示。

图 7-6　量子纠缠发射机实物图

7.2.3　量子密钥通信机

量子密钥通信机在卫星姿态机动基础上实现对地面站的捕获、跟踪与高精度瞄准功能；具备量子密钥通信信号产生与发射功能；具备量子纠缠光的极化检测与校正功能，实现纠缠光发射；具备量子隐形传态信号接收与探测功能；具备信标光、同步光的发射与接收探测功能。望远镜口径大于 300mm，采用二维指向镜机构进行粗跟踪，快速反射镜进行精跟踪。在轨对地面站跟踪误差最优小于 0.5μrad，量子信号发散角小于 12μrad，实现 780nm、810nm、850nm 三波段保偏，通过抗辐照设计实现单光子探测器在轨长期应用，暗计数每天增量小于 1 个 / 秒。量子密钥通信机实物图如图 7-7 所示。

图 7-7　量子密钥通信机实物图

7.2.4　量子实验控制与处理机

　　量子实验控制与处理机负责量子实验流程的控制，包括数据指令转发解析、载荷遥测采集等；在密钥分发实验中产生随机数，调制量子密钥光源，对量子密钥数据进行采集、密钥提取与存储，以及量子密钥管理、中继等；在量子纠缠分发中进行同步光时间测量与调制，实现星上纠缠时间测量；在量子隐形传态中进行上行同步光时间测量，量子测量信号的数据采集与存储等。星上量子密钥诱骗态光源调制频率最大为 200MHz，信号时间测量精度达到 100ps 以下，数据存储区大于 10GB，每秒采集密钥分发数据的处理时间小于 1s。量子实验控制与处理机组成图如图 7-8 所示。

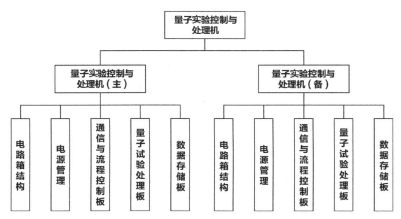

图 7-8　量子实验控制与处理机组成图

7.2.5　卫星平台

墨子号卫星为太阳同步轨道卫星，轨道高度为 500km，绕地球一整圈的对应的地方时间为 22:30–01:00。该卫星轨道的选取可保障科学实验在地球阴影区进行，以及每天相对恒定的实验轨数。整星质量不大于 640kg，平均功耗小于 560W。为了实现建立一星同时对两个地面站的量子链路，卫星平台具备姿态机动对站指向能力，精度优于 0.5 度。卫星平台由结构分系统、姿态控制分系统、星载计算机、热控分系统、测控分系统以及数传分系统等组成，为有效载荷提供实验平台需求，包括供电、姿态控制指向、指令与状态遥测、科学数据传输等。"墨子号"卫星组成示意如图 7–9 所示。

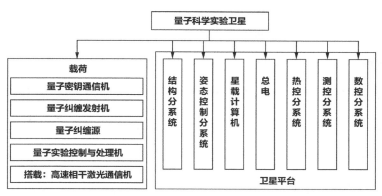

图 7-9 "墨子号"卫星组成示意

7.3 配合"墨子号"卫星做实验的地面站

科学应用系统负责整个量子科学实验卫星项目科学实验计划的制订、科学实验的运行控制、科学数据和应用的处理、传输、存储、管理与发布，是整个量子科学实验计划的大脑。科学应用系统包括河北兴隆、乌鲁木齐南山、青海德令哈、云南丽江 4 个量子通信地面站以及西藏阿里量子隐形传态实验站，配合"墨子号"量子科学实验卫星完成科学实验的目标。

7.3.1 兴隆地面站

中国科学院国家天文台兴隆观测站是目前东亚大陆上规模最大的光学观测基地，始建于 1965 年，位于燕山主峰南麓，海拔 960m，隶属于国家天文台光学天文重点实验室，是国家天文台恒星与星系光学天文观测基地。兴隆观测站建于海拔 960m 的山顶，周围无山脉遮挡，地平高度 10 度以上的目标都能观测到。兴隆观测站天文视宁度好，大气透明度高，每年有 240 ～ 260 光谱观测夜、100 ～ 120 测光观测夜。通过改造兴隆观测基地原有口径 1m 的光学望远镜所建设的量子通信地面站将与卫星一起完成星地高速量子密钥分发实验。河北兴隆量子通信地面站如图 7-10 所示。

图 7-10　河北兴隆量子通信地面站

7.3.2　南山地面站

中国科学院南山观测基地位于乌鲁木齐市以南的天山，距乌鲁木齐市 70km 左右，海拔为 2080m，距亚洲地理中心约 20km。南山站建于 1991 年，现有 25m 口径射电天文望远镜、40cm 精密光电观测望远镜、太阳色球望远镜、GPS 卫星定位观测系统等仪器设备。通过 1.2m 口径光学望远镜的量子通信地面站。南山站将不但能够与卫星协同完成星地高速量子密钥分发实验，还能够通过卫星中继与兴隆地面站一起完成广域量子通信网络演示实验。乌鲁木齐南山量子通信地面站如图 7-11 所示。

图 7-11   乌鲁木齐南山量子通信地面站

7.3.3   德令哈地面站

中国科学院紫金山天文台德令哈观测站位于青海省海西州德令哈市蓄集乡境内的泽令沟小野马滩，西距德令哈市 33km，南据青海省省会城市西宁至德令哈主干公路 3.2km，海拔为 3158m。所处地貌部位为巴音郭勒河冲洪积扇的前缘轴部，地形开阔而平坦。微向南倾，坡度为 1%，对天文观测来说基本没有遮挡。依托德令哈观测站的 1.2m 口径光学望远镜将构成德令哈量子通信地面站的主体。青海德令哈量子通信地面站如图 7-12 所示。

图 7-12　青海德令哈量子通信地面站

7.3.4　丽江地面站

中国科学院云南天文台丽江天文观测位于丽江市玉龙纳西族自治县太安乡高美古村，至丽江市区的直线距离约 30km。海拔为 3200m，相对高度为 800 ~ 1100m，属低纬度天文观测台，该地区年平均晴夜达 250 多天，没有人为光线和沙尘的干扰，加之天光背景暗、空气透明度高，具备良好站的大气宁静度。因此成为国内最佳的天文观测位置之一。丽江天文观测站园区地势开阔，还将安装多台望远镜，形成不同口径、不同学科目标、多台天文望远镜协同工作的局面,成为我国南方名副其实的最重要的天文观测基地。"墨子号"实验团队通过改造丽江观测站已有的 1.8m 口径望远镜,建成了能够满足空间量子通信实验需求的量子地面站。量子科学实验卫星飞过乌鲁木齐南山站与青海德令哈站,青海德令哈站与云南丽江站之间时,可在两个地面站之间进行星地量子纠缠分发实验。云南丽江量子通信地面站如图 7-13 所示。

图 7-13　云南丽江量子通信地面站

7.3.5　阿里地面站

科学应用系统在西藏阿里地区建设了空间量子隐形传态实验站。当量子科学实验卫星飞过阿里地面站上空时,实验站向量子科学实验卫星发射纠缠光子,完成星地量子隐形传态实验。西藏阿里天文观测站位于阿里地区狮泉河镇南的东西向山脊的头部，海拔高度为 5100m，山顶宽阔平坦；距离狮泉河镇 30km，距离昆沙机场 25km。观测站西北方向迎风面宽阔平坦，相对高度大于 700m。西藏阿里地区西南部是中国境内天文观测条件最佳的区域。西藏阿里量子通信地面站如图 7-14 所示。

图 7-14 西藏阿里量子通信地面站

 ## 7.4 "墨子号"卫星实现的多个人类首次

7.4.1 星地双向量子纠缠分发实验

星地双向量子纠缠分发是"墨子号"量子科学实验卫星的主要科学目

标之一。双向量子纠缠分发采用卫星纠缠光子、两个地面站分别接收的方式。"墨子号"量子卫星过境时，同时与青海德令哈地面光学站和云南丽江地面光学站建立光链路，卫星到两个地面站的总距离平均达 2000km，跟瞄精度达到 0.4μrad。卫星上的纠缠源载荷每秒产生 800 万个纠缠光子对，建立光链路可以通过 1 对 / 秒的速度在地面超过 1200km 的两个站之间建立量子纠缠，该量子纠缠的传输衰减仅仅是同样长度最低损耗地面光纤的万亿分之一。在关闭局域性漏洞和测量选择漏洞的条件下，获得的实验结果以 4 倍标准偏差违背了贝尔不等式，即在上千千米的距离上验证了量子力学的正确性。

7.4.2　星地高速量子密钥分发

星地高速量子密钥分发是"墨子号"量子科学实验卫星的主要科学目标之一。量子密钥分发实验采用卫星发射量子信号、地面接收的方式。"墨子号"量子卫星过境时，与河北兴隆地面光学站建立光链路，通信距离从 645km 到 1200km。在 1200km 的通信距离上，星地量子密钥的传输效率比同等距离地面光纤信道高 20 个数量级（万亿亿倍）。卫星上量子诱骗态光源平均每秒发送 4000 万个信号光子，一次过轨对接实验可生成 300kbit 的安全密钥，平均成码率可达 1.1kbit/s。这一重要成果为构建覆盖全球的量子保密通信网络奠定了可靠的技术基础。

以星地量子密钥分发为基础，将卫星作为可信中继，可以实现地球上任意两点的密钥共享，将量子密钥分发覆盖范围扩展到全球。利用墨子号卫星作为可信中继，北京和维也纳之间演示了跨洲际的量子加密视频电话。

7.4.3　地星量子隐形传态

地星量子隐形传态是"墨子号"量子科学实验卫星的主要科学目标之一。量子隐形传态采用地面发射纠缠光子、天上接收的方式，"墨子号"量子卫星过境时，与海拔为5100m的西藏阿里地面站建立光链路。地面光源每秒产生8000个量子隐形传态事例，地面站向卫星发射纠缠光子，实验通信距离从500km到1400km，所有6个待传送态均以大于99.7%的置信度超越经典极限。这一重要成果为未来开展空间尺度量子通信网络研究，以及空间量子物理学和量子引力实验检验等研究奠定了可靠的技术基础。

7.4.4　基于纠缠的星地量子密钥分发

以"墨子号"量子科学实验卫星的星地量子纠缠分发为基础，将纠缠光子对中的一个光子在"墨子号"卫星上做测量，另一个光子发送到青海德令哈地面站，从而实现了从卫星到地面的纠缠编码方式（BBM92协议）的量子密钥分发。实验时卫星与地面站的距离从530km变到1000km，对应的光学链路衰减从29dB变到36dB。在整个530km到1000km的范围内，量子密钥的最终成码率平均为 3.5 bit/s。这项工作为星地量子密钥分发开拓了新的方向，对单光子编码方式（诱骗态 BB84 协议）的高速星地量子密钥分发技术起到了补充作用。

7.4.5　引力诱导量子纠缠退相干实验检验

为了探索量子力学和广义相对论融合的效应，澳大利亚物理学家 Ralph 等提出了一个"事件形式"理论模型，探讨了引力可能导致的量子退相干效应，并提出一个现实可行的试验方案：在地球表面制备了一对纠缠光子对，其中一个光子在光源附近的地表传播，而另一个光子穿过地球引力场传播到卫星。依据现有的量子力学理论，所有纠缠光子对将保持纠缠特性；而依据"事件形式"理论，纠缠光子对之间的关联性则会概率性地受到损失。

"墨子号"量子科学实验卫星通过前期实验工作和技术积累，在国际上率先开展了引力诱导量子纠缠退相干实验检验，对穿越地球引力场的量子纠缠光子退相干情况展开测试。最终通过一系列精巧的实验设计和理论分析，实验令人信服地排除了"事件形式"理论所预言的引力导致纠缠退相干现象（见图 7-15）。未来在更高轨道的实验平台可以进一步验证修正后的"事件形式"理论模型。

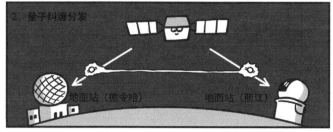

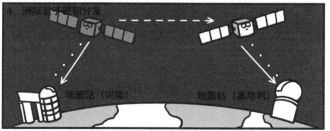

图 7-15　量子通信实验

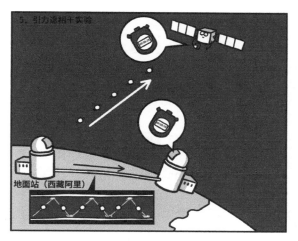

图 7-15　量子通信实验（续）

7.5　未来天地一体化量子网络

　　量子通信的未来发展趋势是研制并发射高轨量子通信卫星，同时发射低成本的低轨微型量子通信卫星。长期目标为发射多颗由高轨和低轨卫星共同组成的"量子星座"，结合地面光纤量子通信，实现覆盖全球的天地一体化量子通信网络（见图 7-16）。

　　随着"墨子号"量子科学实验卫星的成功发射和运行，量子通信技术已经进入了卫星时代。卫星量子通信具有以下特点。

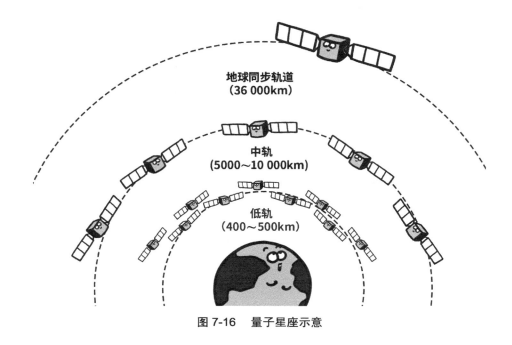

地球同步轨道
（36 000km）

中轨
（5000~10 000km）

低轨
（400~500km）

图 7-16　量子星座示意

（1）量子通信的信息载体是单光子，是光的最小能量单元，因此对背景光极其敏感。

（2）单光子的来源是激光，因此和卫星激光通信技术一样，卫星对地面都是点对点的光学通道，覆盖范围有限。

面对第一个问题，"墨子号"采取了只在夜间工作的模式，以避开白天强太阳光背景的干扰。面对第二个问题，只有将卫星轨道升高才能增加覆盖范围。"墨子号"是以科学实验任务为主的低轨卫星（轨道高度为 500 ~ 600km），相对地面飞行速度较快（约 8km/s），每次过站时间小于 10 分钟。这个轨道至少需要 3 天才能遍历全球范围的地面站，而且过站时间过快，无法满足全天 24

小时的通信需求。

为了能够建立覆盖全球的卫星量子通信网络，必须研制高轨量子通信卫星。单颗高轨卫星能够同时覆盖整个地球，过站时间可以达到几小时。由若干颗高轨卫星和地轨卫星组成一个"量子星座"，就可以实现全天24小时覆盖整个地球。太阳辐射光谱和地球卫星轨道如图7-17所示。

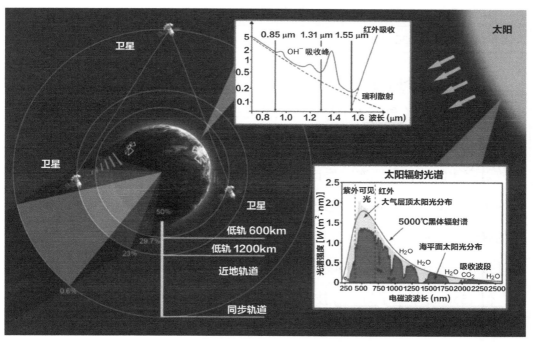

图 7-17　太阳辐射光谱和地球卫星轨道

但是"量子星座"就必须再次面对第一个问题，即太阳光背景。如表7-1所示，越高轨的卫星在太阳光范围内的比例越高，即在地影区（黑夜）的比例越小。表7-1给出了低轨卫星、中轨卫星、高轨卫星各自在地影区的比例。对

地球同步轨道来说，只有 0.57% 的概率会在地影区。因此我们要求"量子星座"必须能够在太阳光背景下工作，即尽可能地排除太阳光对探测端的影响。

表 7-1　不同卫星轨道的地影区覆盖率

轨道高度	激光覆盖范围（纬度）	地影区面积概率	单轨地影区所占时间比例
低轨（LEO）600km	22.9°	29.70%	1/3.36
中轨（MEO）3000km	94.3°	13.33%	1/7.18
同步轨道（GEO）36 000km	152.0°	0.57%	1/167

为了解决这个问题，我们首先要改变量子通信使用的光子的波长。传统自由空间量子通信（包括墨子号）使用的光子波长集中在 800nm 附近。如果我们选取 1550nm，这个波长太阳光的辐射强度只有 800nm 的 1/3 左右；根据瑞利散射定律的波长呈四次方反比关系，1550nm 光子的大气散射只有 800nm 光子的 7%；同时 1550nm 作为光通信波长，可以和地面的量子通信网络自然对接。总的来说，太阳光在 1550nm 产生的背景噪声约只有 800nm 的 3%，通过单模光纤接收技术还可以进一步降低太阳光背景噪声。

但 1550nm 带来了另一个技术问题，就是光子的探测效率。常用的半导体单光子探测器在 800nm 附近效率很高，但是到了 1550nm 效率急剧下降，无法使用。于是我们发展了一套"上转换探测器"技术，即首先利用晶体对光子的频率上转换效益，将需要探测的 1550nm 波长光子以很高的效率转换为 800nm 附近波长的光子，再用半导体单光子探测器来探测，从而解决对 1550nm 光子的探测问题。

潘建伟团队通过以上 1550nm 光子源、太阳光背景下单光子接收、单光子上转换探测器三大技术突破，在国际上首次实现了太阳光背景下的自由空间量子密钥分发。通信距离横跨青海湖，达到 53km，高于大气层的垂直厚度。信道衰减也模拟了高轨卫星到地面的衰减（48dB）。因此这个实验全方位验证了利用高轨卫星在太阳光背景下进行星地量子通信的可行性。值得一提的是，该青海湖实验基地也曾为"墨子号"量子科学实验卫星做过全方位的地面验证。该实验是走向白天（太阳光背景）卫星量子通信的第一步，将为未来覆盖全球的量子通信卫星网络——"量子星座"提供可靠的技术基础。

第 8 章

争议中前行的
量子通信

已经到了本书的最后一章，关于量子通信的介绍也接近了尾声。作为一个新兴科技，量子通信的出现令很多人觉得动了经典通信产业的奶酪。还有很多人不习惯中国在尖端科技上的领先，觉得量子通信能引领世界，要么就是发达国家根本不重视，要么就是国内树立典型夸大宣传等。

本章的内容将直面这些疑问，结合前面几个章节的内容，首先介绍一下让中国量子通信领先世界的潘建伟院士，然后澄清一下量子通信和经典通信之间的合作而非竞争的关系，最后再对关于量子通信的几个典型的错误说法，一一做出解答和更正，让读者进一步理解量子通信的现状和发展趋势。

8.1 让中国量子通信领先世界的潘建伟

提到量子通信，潘建伟是一个绕不开的名字，他不仅是中国量子信息领域最具代表性的人物，也是全世界量子信息领域最具代表性的人物之一，在量子通信领域做到了世界领先水平。

潘建伟生于浙江省东阳市，于 1987 年考入中国科学技术大学近代物理系，在中科大读完本科和硕士后，赴奥地利维也纳大学读博士（量子通信创始人之一的蔡林格教授是他的导师），并于 1999 年获得实验物理博士学位。博士期间完成了历史上第一个量子隐形传态实验，论文被《自然》（*Nature*）杂志收录为 20 世纪发表过的 21 篇经典物理学论文之中（其他的论文包括发现电子干涉、发现拉曼散射、发现中子、发现超流、发现核裂变、发明全息照相、发现

DNA 结构、发明激光器、发现脉冲星、发现高温超导、发现 C60 分子等最终获得诺贝尔奖的重大成果）。

博士毕业后，潘建伟在奥地利科学院量子光学与量子信息研究所（IQOQI，Institute for Quantum Optics and Quantum Information）做博士后，同时利用回国的有限时间在中国科学技术大学组建量子通信实验室。从 2000 年到 2004 年，潘建伟在奥地利的实验室以第一作者身份在《自然》杂志上发表了 4 篇论文，以第二作者身份在《自然》杂志上发表了 1 篇论文，牢牢占据了量子通信的最前沿位置。同时他在国内组建的实验室团队也在《自然》杂志上发表了 1 篇论文，这是中华人民共和国成立后第一次有物理学领域的论文发表在《自然》上。

从 2004 年回国开始，潘建伟的实验室先后实现了多个世界第一。

1. 首先在多光子纠缠上，潘建伟团队一直保持并刷新着自己的世界纪录：2007 年实现了 6 光子纠缠；2010 年实现了 5 光子 10 比特超纠缠；2012 年实现了 8 光子纠缠；2016 年实现了 10 光子纠缠；2018 年更是实现了 6 光子 18 比特纠缠。潘建伟及团队的另外 4 位创始人凭借这一方向引领世界发展，他们的成果获得了 2015 年度的国家自然科学一等奖。

2. 以多光子纠缠为基础，潘建伟团队在光量子计算上也一直领先世界：2007 年实现了 15=3×5 质因子分解的 Shor 算法；2008 年完成了量子"容错"编码的实验演示；2009 年实验证实了 Kitaev 自旋格子模型中任意子（Anyon）的分数统计现象和拓扑性质，2009 年利用 8 光子纠缠簇态实现了拓扑量子纠错；2011 年应用超纠缠簇态实现了 Grover 搜索算法；2015 年实现了光子多自由度隐形传态，获得英国物理学会评选的"年度物理学重大进展"第一名；

2017 年实现玻色采样能力超越早期经典计算机（ENIAC）的光量子计算；2019 年实现 20 光子的玻色采样，距离量子称霸一步之遥。

3. 在自由空间量子通信上，潘建伟团队 2007 年实现了 13km 的自由空间量子纠缠分发；2010 年实现了 10km 的量子隐形传态，随后突破了远距离量子通信穿越大气层等效厚度和克服高损耗星地通道的关键技术；2012 年实现了百千米级的量子纠缠分发和量子隐形传态，为卫星量子通信奠定了基础；2016 年"墨子号"量子科学实验卫星研制成功并发射，在 2017 年完成了人类第一次卫星量子通信实验。关于"墨子号"的内容详见本书第 7 章。

4. 在光纤量子通信上，潘建伟团队也成为引领者，2007 年首次把安全距离突破 100km，2008 年实现了首个全通型量子通信网络，为 2009 年庆祝中华人民共和国成立 60 周年关键节点构建了"量子通信热线"。2009 年采用诱骗态方案将安全距离突破至 200km。2012 年在合肥市建成了首个规模化（46 个节点）的量子通信网络，2013 建成了 56 个节点"济南量子通信试验网"。2013 年首次实现了测量器件无关的量子密钥分发，提高了现实量子通信系统的安全性，2015 年用该方案将安全距离提高至 404km。2017 年建成了世界第一条量子保密通信骨干网"京沪干线"，具体介绍见第 6 章。

从 2006 年到 2016 年这 10 年间，潘建伟团队的成果 3 次入选英国物理学会（Institute of Physics）评选的"年度物理学重大进展"（Highlights of the Year），包括一次年度冠军（2015 年）；3 次入选美国物理学会（American Physical Society）评选的"年度物理学重大事件"（The Top Physics Stories of the Year）；3 次入选英国《自然》杂志的"年度十大科技亮点"；两次入选美国《科学》（*Science*）杂志的"年度十大科学突破"，可以说每一年都在国际物理学重大进展上有所斩获。在国内更是 7 次入选两院院士评选的"年度中国十大科技进展新闻"；3 次入选教育部评选的"年度中国高校十大科技进展"；3 次入选科技部评选的"年度中国基础研究十大新闻"。这在中国物理学界，甚至整个中国科学界都是独一无二的。

潘建伟于 2011 年当选为中国科学院院士，当时年仅 41 岁（其实在 39 岁那年已经有了足够影响力的成果当选）。直到今天他还是中国科学院最年轻的几位院士之一。在中国物理学界，除了杨振宁之外，目前也只有中国科学院高能物理所所长王贻芳，以及清华大学常务副校长薛其坤的国际学术影响力能够接近潘建伟。这 3 人也分别是物理学三大主要方向"粒子物理""凝聚态物理"和"量子信息"在中国的代表人物。

2016 年"墨子号"量子科学实验卫星的成功研制和发射，让首席科学家潘建伟又一次站在了聚光灯下。2017 年"墨子号"圆满完成了计划中的三大任务，并在 2018 年和 2019 年超额完成了几项计划外的重要实验，这些成果使得潘建伟的影响力近几年超越了国外同行，成为量子通信领域的世界第一人。

用我国的运动员做类比，那么潘建伟就好比是刘翔，在一个项目上长期处于统治地位，多次打破世界纪录。

第 1 章我们回顾了量子力学的历史：普朗克、爱因斯坦、玻尔创造了早期量子理论，可以说是量子力学的祖父。经过泡利和德布罗意等人的贡献，海森堡、薛定谔、狄拉克、玻恩、约当等人建立了量子力学，可以说是量子力学之父，之后的物理学家再没有任何人能配得上整个量子力学的名号，也就是不可能再出现"量子之父"。但是在后面量子力学应用的各个细分领域中，有很多的开拓者，如第 1 章我们提到的标准模型之父费曼、杨振宁等人，凝聚态物理之父朗道、安德森等人；第 2 章我们提到的量子光学之父格劳贝尔，几位激光之父，还有原子钟之父拉比、拉姆齐等；第 3 章我们提到的晶体管之父肖克莱，集成电路之父诺伊斯、基尔比等。

那么同样的量子力学应用的细分领域在中国也都有一些开创者，例如，中科院上海光机所的王育竹和北京大学的王义遒可以称为中国原子钟之父；中国科学技术大学的郭光灿和山西大学的彭堃墀可称为中国量子光学之父。那么作为中国量子通信的开创者，潘建伟适合的称呼应该是"中国量子通信之父"。

8.2 量子通信与经典通信的关系

当 2016 年"墨子号"量子卫星成功发射，2017 年京沪干线建设完成，量子通信这个词就变得异常火热。与此同时，量子计算机的发展也在稳步前行，直到 2019 年谷歌率先实现了"量子称霸"的目标，即在某一个特定的问题上量子计算速度超越了目前最快的经典超级计算机。

但是有一个有趣的现象，那就是做经典计算机科学的人对量子计算机普遍是一个正面的期待，甚至把它当作一个终极的计算梦想。而做经典通信的人对量子通信的态度就没有那么友好了，发出了不少质疑和反对的声音。

导致这个结果的主要原因是，量子通信含有一些已经实用化和产业化的部分，那就是量子密钥分发，其生成的量子密钥可以直接为经典数字通信做加密使用。如果量子通信只是指传输量子比特（如量子隐形传态），那它就和量子计算机类似，会成为一个未来的期待和一个梦想。但是量子密钥分发让量子通信提前"入侵"了经典通信的领地，不清楚两者关系的人会以为这是一次野心勃勃的"改朝换代"，所以要千方百计证明这个"改朝换代"不会发生。

所以我们用这一节的篇幅来澄清这样一个事实，那就是经典通信和量子通信并非是敌对关系。首先，量子通信要依赖于经典通信才能实现，其次，量子通信是对经典通信的继承和发展，是一次技术上的升级。

8.2.1　量子通信离不开经典通信

回顾本书第 5 章，无论是量子密钥分发，还是量子隐形传态，都离不开一个需要经典通信的"经典信道"。对于量子密钥分发来说，收发双方需要通过经典信道比对测量方式，从随机的测量方式中挑选出一样的那部分，只有这部分的量子测量出的结果才能作为无条件安全的量子密钥使用。对于量子隐形传态来说，收发双方同样需要通过经典信道比对测量方式，这样接收方才能做出正确的操作，正确还原出传输的量子比特。量子隐形传态利用的是量子纠缠，这个经典信道的存在使得单纯靠量子纠缠无法传送量子比特，因此超过光速的量子纠缠无法超光速传递信息，这样就不会违反相对论。

可惜绝大部分经典通信行业的从业者并不具备量子力学的知识，更不清楚量子通信对经典通信的依赖性，以为量子通信可以脱离经典通信而独立存在，谈虎色变。相比之下，知道量子通信原理的人会把量子通信作为经典通信的一个新战场，一个新的发展机遇。

反过来说，量子密钥分发服务的对象也正是经典数字通信。20世纪80年代我们经历了一次模拟通信向数字通信的产业转变。现在除了广播电台还使用模拟信号方式的无线电波以外，无论是宽带用的光纤激光通信，还是无线网络用的2G、3G、4G、5G（模拟信号就是1G，即第一代移动通信），甚至是家里的有线电视，都是用的数字通信。也就是说我们整个互联网都是靠经典数字通信构建而成的。那么量子密钥分发的最终目的就是为人类构建起前所未有的安全互联网。为经典通信服务正是量子密钥分发的目的和价值所在。

8.2.2　量子通信是经典通信的继承和发展

19世纪中叶，当西门子（Siemens）、格拉姆（Gramme）等人发明发电机之后，电能开始在人类文明中扮演着重要角色，人类进入了以电能为代表的第二次工业革命（电力革命）之中。但是发电机的电能并不是凭空产生的，而是一种"二次能源"，即需要其他的能量带动线圈在磁场中旋转，这样才能产生电压和电流。这些其他的能量就是一次能源，它们可以是水流、风、太阳光、原子核裂变，但是它们的地位都排在一种能源之后，那就是化学能。人类世界的电力供应，大部分还是来自使用化学能的火力发电，即通过煤炭的燃烧产生热能，把水加热成蒸气，带动汽轮机旋转，使得线圈在磁场中旋转产生电流。

而煤炭的化学能正是把人类带入第一次工业革命的代表。也就是说，电能的产生依赖于化学能，第二次工业革命的核心依赖于第一次工业革命。

与上面的例子做类比，对于通信产业来说，经典通信就好比是煤炭燃烧的化学能，量子通信就好比是电能。首先（大部分）电能离不开化学能，而量子通信也离不开经典通信。然后电能是对化学能的继承和发展，可以应用在更多的地方，更好地去控制机器，并且能够处理和传输信息。那么量子通信也是对经典通信的继承和发展，首先让经典通信变得更安全，信息不会被半路截获，同时量子比特还可以突破经典数字通信的限制，让信息传输变得更高效。

未来当量子计算机大规模出现的时候，在当今以经典数字通信为基础的互联网上，会再建立起一层量子互联网，用于量子计算机之间传输量子比特，届时人类会进入第二次信息革命时代（量子通信和量子计算机），但依然要以第一次信息革命的成果（经典通信和经典计算机）为基础和前提，就如同第二次工业革命（电能）以第一次工业革命（煤炭的化学能）为基础和前提一样。

对于量子通信中已经产业化的量子密钥分发来说，它正是夹在两次信息革命之间，作为一个过渡，一方面可以让经典数字通信得到升级，甚至有能力抵抗未来量子计算机的攻击。另一方面可以引入很多和量子纠缠相关的组网方式（尽管 BB84 协议不需要量子纠缠，但是对它的改进，如测量设备无关量子密钥分发，会用到很多量子纠缠相关的方法），为未来随时随地分发量子纠缠和传输量子比特的"量子互联网"铺路。

所以对于经典通信的从业者来说，正确的做法不是排斥量子通信，而是应该努力让已有的经典通信系统和新增的量子通信系统结合得更有效、更完美（见图 8-1）。

图 8-1　量子通信和经典通信的关系

8.3　关于量子通信的那些错误说法

本章来澄清一下几个典型的关于量子通信的错误说法。

8.3.1　量子密钥分发不是量子通信?

这个错误说法源自于一个对量子通信的误解,那就是把量子通信理解为"用量子来通信"。我们在第 5 章一开始就给出过量子通信的真实含义,即"利用量子力学原理对量子态进行操控,在两个地点之间进行信息交互,可以完成经典通信所不能完成的任务"。所以说量子通信的"量子"实际上指的是 "用量子力学原理操控量子态",而不是必须拿量子作为信息的载体,即不是只有量子隐形传态这样传递量子比特的通信方式才属于量子通信。反之,如果用到了量子,但是不操控它的量子态,只是把它当成一个能量最小的单位去携带经典信息,那么这种通信也只是经典通信,不属于量子通信。

回顾第 5 章我们介绍过的量子密钥分发原理,量子密钥分发就是通过测量一个个量子态,让空间上分开的用户共享无法破解的密钥,因此量子密钥分发始终是量子通信的一个重要方向,这个早已在国际上达成共识。2013 年,沃尔夫物理学奖得主 Peter Zoller 在 1998 年发表于《科学》杂志上的文章中指出,量子密钥分发是量子通信的应用。2018 年,沃尔夫物理学奖得主布拉萨德在自己的文章中指出,也把执行量子密钥分发的卫星直接称为量子通信卫星。2010 年,沃尔夫物理学奖获得者蔡林格(Zeilinger)教授在他的一篇重要论文中就将量子密钥分发定义为量子通信。美国物理学会正在使用的学科分类系统 PhySH 就将量子密钥分发(量子密码)作为量子通信条目下面的一个子条目。欧盟最新发布的《量子宣言》,更是将以量子密钥分发为核心的量子保密通信作为量子通信领域未来的主要发展方向。

我们在 5.2 节介绍过量子密钥分发的主流 BB84 协议,它就是通过测量一个个光子的量子态来生成不可截获的密钥。我们在 6.1 节还介绍过在 BB84 协议的基础上面向实用化的诱骗态协议,该协议中解决的就是现实中测量到的不是单光子的量子态,而是光子数在 1 附近的弱相干量子态的问题。我们在 5.3 节介绍过量子密钥分发的 E91 协议,即通过测量量子纠缠态来进行量子密钥分发;还介绍过连续变量量子密钥分发协议,即通过测量压缩态来进行量子密钥分发。无论是弱相干态、纠缠态，还是压缩态，都属于量子态，也都是经典物理中没有的状态，经典通信不会利用的状态。所以量子密钥分发的各个方向都是通信收发双方直接操控量子态来分享密码，毫无疑问都属于量子通信（见图8-2）。

图 8-2　量子密钥分发是量子通信的子集

8.3.2　美国从来不搞量子通信？

这个错误说法来自于中国量子通信目前领先于美国，而减弱了美国在量子通信研究工作的彰显度，给人一种"美国不搞量子通信"的假象。实际上美国毫无疑问也非常重视量子通信。

2017年，美国国会科学空间和技术委员会主办了一场关于美国国会科学空间和技术的听证会，会上国家光子学会呼吁发起"国家量子计划"（NQI，National Quantum Initiative），主要目标之一就是解决科研界与产业工程界之间的不协调，这一计划得到了美国国家标准与技术研究院（NIST）、美国国家科学基金会（NSF）、美国能源部（DOE）等国家相关部门的高层支持（见图 8-3）。2018 年 6 月，美国众议院科学、太空和技术委员会主席在美国国会众议院正式提出国家量子计划法案（National Quantum Initiative Act），9 月 13 日、12 月 19 日，美国众议院和参议院分别通过了该法案，并于 12 月 21 日经美国总统签署正式生效。此前，该法案在 7 月份得到了哈佛大学、耶鲁大学、斯坦福大学等学术界机构和 IBM、Google、Intel 等产业界单位的积极响应和支持。

图 8-3 重视量子通信

与之相应，欧洲主要国家也出台了相关计划，如 2018 年 9 月，德国提出了"量子技术——从基础到市场"框架计划，计划于 2022 年前投入 6.5 亿欧元（约 49 亿元），战略性促进德国量子技术的发展。2018 年 11 月，英国在国家量子技术计划第一阶段实施的基础上，再次宣布了规模 2.35 亿英镑（约 21 亿元）的第二阶段拨款计划，进一步支持量子技术发展。

8.3.3　量子通信不能满足互联网要求？

这个错误说法的一部分原因是不清楚量子通信和经典通信的关系，也就是本章第 2 节澄清过的内容。量子通信从来就没有说过取代经典互联网，独立搞一个"量子互联网"，"量子互联网"一定是建立在经典互联网基础上的。

首先，量子通信必须使用的经典信道就会用到互联网现有设施，包括各种光纤或无线网络节点、各种路由器、各种交换机等。同时量子密钥分发的目的就是给当今的互联网做安全升级，只要有光纤连接的终端，就没有限制量子密钥分发的阻碍。生成的量子密钥是纯二进制随机数，保密性好过当今互联网采用的任何一种加密方式。如果用"一字一密"的方式加密，可以做到无条件安全性，也就是理论上最安全的密码。

"量子通信不能满足互联网要求"这个错误说法的另一部分原因是认为量子密钥分发必须是点对点，不能直接组网。但实际上量子密钥分发可以直接组网，采用的方式就是量子保密通信"京沪干线"上已经采用的可信中继技术。我们在 6.2 节"京沪干线"部分介绍了这种可信中继技术，即主干网络由这些可信中继连接而成，各个网络终端都通过接入最近的可信中继来接入整个网络（见图 8-4）。

任何终端和其接入的可信中继之间，以及相邻的两个可信中继之间，都是无条件安全的点对点量子密钥分发，唯一的安全隐患就在这些可信中继上，密文要被解密和再次加密。但可信中继之所以可信，就是通过国防级别的安全人员掌控，在无人值守时可以使用落地即密、密钥分拆中继、中继密钥迭代变换等技术保障安全性，利用经典通信技术手段尽可能地消除这些破绽。

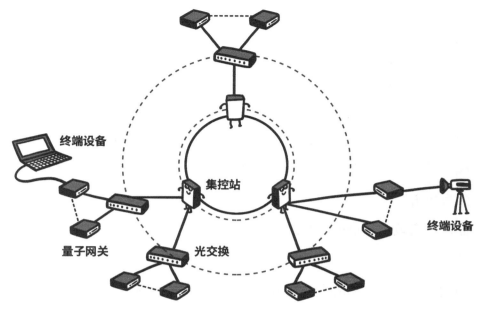

图 8-4 量子通信如何组网

我们在 6.4 节介绍的测量设备无关量子密钥分发（MDI-QKD），是一种在第三个节点分别和收发双方两个节点生成量子密钥的方法，本身就携带了组网属性，而且能够将量子密钥分发的安全距离扩展至 400km 以上，也就是说今后超过 400km 才需要可信中继。量子中继技术也在不断发展之中。未来测量设备无关量子密钥分发结合实用化量子中继就可以完全摆脱对经典中继的依赖，让整个量子互联网没有任何安全隐患，即全网都无条件安全。

在区块链中，信息传输都通过相邻的两个区块的点对点通信完成，而区块链本身对于区块之间点对点通信的保密性要求更高，那么区块链就给了量子密钥分发一个更适合的应用场景。目前量子加密区块链是一个研究热点，也是两大信息技术趋势的结合。

8.3.4 量子通信很容易被破坏?

这个错误说法一开始听上去似乎有道理。首先量子通信利用的是光量子，是最弱的光，所以用的都是能探测极弱光的光电探测器，即单光子探测器。只要光线一强，那么单光子探测器就会因电流过大而不能使用，这种攻击方式称为"致盲攻击"。

面对致盲攻击，目前的解决方案是我们在 6.4 节介绍的测量设备无关量子密钥分发（MDI-QKD）。在该方案中，单光子探测只在第三方进行。量子密钥分发的收发双方可以在网络上列出多个第三方作为备选，在其中一个第三方的单光子探测器被强光致盲攻击时，可以随时切换到另一个第三方。所以攻击方如果想实现致盲攻击，需要把整个网络都控制了才行，这就直接限制了致盲攻击的可行性。

"墨子号"量子科学实验卫星实现星地量子通信后，有一种批评的声音说因为卫星量子通信用的是激光，会受到空气质量的影响，如果地面接收站上面有云层覆盖，甚至有雾霾时，都无法进行量子密钥分发，当然也无法进行星地激光经典通信。这个说法只针对一个地面站来说是有效的，但是当针对多个地面站时，那就成为一个错误说法。例如，和"墨子号"通信的地面站一共有 5 个，分别位于河北兴隆、云南丽江、新疆乌鲁木齐、青海德令哈、西藏阿里这些天文台。卫星过境时，可以选择连接这些站其中的任何一个。而这 5 个地面站跨越了我国大部分面积，同时发生云层覆盖的概率几乎为零，现实中也从来都没有发生过，每次过境总会有地面站处于晴天状态可以使用。

　　未来我国会建设大量的地面接收站，一个地面站的大小相当于一个普通的天文望远镜。除了陆地上每个省都会有站点外，南海的岛屿、远洋的军舰也都会建设地面站，那么一个卫星可以由更多的选择实现量子密钥分发。对于陆地上的地面站，当天气不好时，可以通过地面光纤网络和天气好的地面站共享量子密钥。对于小海岛或者舰艇上的地面站，可以在天气好时多接收一些量子密钥并储备起来，在天气不好时使用。

　　最后一种就是纯暴力攻击了，如切断光纤、打掉卫星、炸掉地面站等。这就不只是量子通信面临的问题，而是所有通信方式都面临的问题。破坏了信道自然就破坏了所有通信方式，包括有线通信直接断线，无线通信用信道干扰或者破坏基站等。也就是说，面对暴力破坏，量子通信并不比经典通信更脆弱。

　　当然暴力破坏也是一个值得探讨的问题，解决方案无外乎是多个终端和多个信道做备份，在战争时期如果有一些终端和信道被破坏，也不影响整个网络的运行。对于量子通信卫星来说，目前正在研制低成本的微纳卫星作为量子通信终端，低轨可以大量覆盖这种量子通信卫星。当一个卫星的成本远低于一枚导弹时，攻击卫星和破坏卫星网络，就会显得很不划算。成本较高的高轨量子通信卫星目前也在研制当中，高轨的距离超出了目前任何武器的打击能力。

　　总之，量子通信遇到的各类攻击问题都有切实可行的解决方案，并不影响其实用性。而完美地解决这些攻击问题也正是科研人员努力的方向（见图 8–5）。

图 8-5　量子通信如何应对以上攻击

参考文献

第 1 章

[1] PLANCK M.Ueber das gesetz der energieverteilung im normalspectrum, Annalen der Physik[J]. 309 (3): 553–556, 1901.

[2] HEISENBERG W.Über stabilität und turbulenz von flüssigkeitsströmmen (Diss.), Annalen der Physik[J].74 (4): 577–627, 1924.

[3] HEISENBERG W. Über quantentheoretische umdeutung kinematischer und mechanischer beziehungen, Zeitschrift für Physik[J].33:879–893, 1925.

[4] BORN M. and JORDAN P. Zur quantenmechanik, Zeitschrift für Physik[J].34:858–888, 1925.

[5] BORN M. HEISENBERG W. and JORDAN P. Zur quantenmechanik II, Zeitschrift für Physik[J].35: 557–615, 1925.

[6] DIRAC P. A. M. The quantum theory of the electron, Proceedings of the Royal Society of London. Series A[J]. 117: 610–624, 1928.

[7] HEISENBERG W. and PAULI W. Zur quantendynamik der wellenfelder, Zeitschrift für Physik[J]. 56: 1–61, 1929.

[8] HEISENBERG W. and PAULI W. Zur quantentheorie der wellenfelder. II,

Zeitschrift für Physik[J]. 59: 168–190, 1930.

第 2 章

[1]　BLOCH F. Über die quantenmechanik der elektronen in kristallgittern, Zeitschrift für Physik[J]. 52 (7–8): 555–600, 1928.

[2]　WANNIER G. The structure of electronic excitation levels in insulating crystals, Physical Review[J]. 52 (3): 191–197, 1937.

[3]　GLAUBER R. J. Coherent and incoherent states of radiation field, Physical Review[J]. 131: 2766–2788, 1963.

[4]　SCULLY M. O. and ZUBAIRY M. S. Quantum Optics[M]. Cambridge University Press, 1997.

[5]　WEISSKOPF V. F. and WIGNER E. P. Berechnung der naturelichen linienbreite auf Grund der diracschen lichttheorie, Zeitschrift für Physik[J]. 63: 54–73, 1930.

第 4 章

[1]　The Big Bell Test Collaboration, Challenging local realism with human choices, Nature[J]. 557: 212–216, 2018.

[2]　Bell J. On the Einstein–Podolsky–Rosen paradox, Physics[J]. 1 (3): 195, 1964.

[3]　YIN J. et al. Satellite–based entanglement distribution over 1200 kilometers,

Science[J]. 356: 1140–1143, 2017.

[4] HENSEN B. et al. Loophole–free Bell inequality violation using electron spins separated by 1.3 kilometres. Nature[J]. 526: 682, 2015.

[5] CAO Y. et al. Bell test over extremely high–loss channels: towards distributing entangled photon pairs between earth and the moon, Physical Review Letters [J]. 120: 140405, 2018.

[6] ARUTE F. et al. Quantum supremacy using a programmable superconducting processor, Nature[J]. 574: 505–510, 2019.

[7] SHOR P. W. Polynomial–time algorithms for prime factorization and discrete logarithms on a quantum computer, SIAM Journal on Scientific and Statistical Computing[J]. 26: 1484–1509, 1997.

[8] GROVER L. K. A fast quantum mechanical algorithm for database search, Proceedings of the twenty–eighth annual ACM symposium on Theory of Computing[C]. 212–219, 1996.

第 5 章

[1] BENNETT C. H. The thermodynamics of computation—a review, International Journal of Theoretical Physics[J]. 21(12): 905–940, 1982.

[2] BENNETT C. H. and BRASSARD G. Quantum cryptography: Public key distribution and coin tossing. In Proceedings of IEEE International Conference on

Computers, Systems and Signal Processing[C]. 175: 8, 1984.

[3] BENNETT C. H., BRASSARD G., CREPEAU C., JOZSA R., PERES A., WOOTTERS W. K. Teleporting an Unknown Quantum State via Dual Classical and Einstein–Podolsky–Rosen Channels, Physical Review Letters [J]. 70 (13): 1895–1899, 1993.

[4] LIAO S. –K. et al. Satellite–to–ground quantum key distribution, Nature[J] .549: 70–73, 2017.

[5] EKERT A. K. Quantum cryptography based on Bell's theorem, Physical Review Letters[J]. 67 (6): 661–663, 1991.

[6] BENNETT C. H., BRASSARD G. and MERMIN N. D. Quantum cryptography without Bell's theorem, Physical Review Letters[J]. 68: 557–559, 1992.

[7] LEVERRIER A., GARIA–PATRON R., RENNER R., and CERF N. J. Security of continuous–variable quantum key distribution against general attacks, Physical Review Letters[J]. 110: 030502, 2013.

[8] REN J., et al. Ground–to–satellite quantum teleportation, Nature[J]. 549, 43–47, 2017.

第 6 章

[1] HWANG W.Y. Quantum key distribution with high loss: toward global secure communication. Physical Review Letters[J]. 91(5), 057901, 2003.

[2] WANG X. B. Beating the photon–number–splitting attack in practical quantum cryptography, Physical Review Letters[J]. 94(23), 230503, 2005.

[3] LO H. K., MA X. and CHEN K. Decoy state quantum key distribution, Physical Review Letters[J]. 94(23), 230504, 2005.

[4] PENG C. Z. et al. Experimental long–distance decoy–state quantum key distribution based on polarization encoding, Physical Review Letters[J]. 98(1), 010505, 2007.

[5] LO H. K. , CURTY M., Qi B. Measurement–device–independent quantum key distribution. Physical review letters, 108(13): 130503 ,2012.

[6] YIN H. L., et al. Measurement–Device–Independent Quantum Key Distribution Over a 404 km Optical Fiber. Physical Review Letters, 117: 190501 ,2016.

第 7 章

[1] YIN J. Yin, et al. Satellite–Based Entanglement Distribution over 1200 kilometers, Science 356: 1140–1143 ,2017.

[2] LIAO S. –K. et al. Satellite–to–ground quantum key distribution, Nature[J]. 549: 70–73, 2017.

[3] LIAO S. –K. et al. Satellite–Relayed Intercontinental Quantum Network. Physical Review Letters[J]. 120: 030501, 2018.

[4] REN J. et al. Ground–to–satellite quantum teleportation, Nature[J].549: 43–47,

2017.

[5] XU P. et al. Satellite testing of a gravitationally induced quantum decoherence model. Science[J]. 366: 132–135, 2019.

[6] LIAO S. –K. et al. Long–distance free–space quantum key distribution in daylight towards inter–satellite communication, Nature Photonics[J].11: 509–513, 2017.

第 8 章

[1] ZHAO Z., CHEN Y. A., ZHANG A. N., YANG T., BRIEGEL H. and PAN J. W. Experimental Demonstration of Five–photon Entanglement and Open–destination Quantum Teleportation, Nature[J]. 430: 54–58, 2004.

[2] YIN J., et al. Quantum teleportation and entanglement distribution over 100–kilometre free–space channels, Nature[J]. 488: 185–188, 2012.

[3] VAN ENK S. J., CIRAC J. I., ZOLLER P. Photonic Channels for Quantum Communication, Science[J]. 279: 205–208, 1998.

[4] URSIN R. et al. Entanglement–based quantum communication over 144km, Nature Physics[J]. 3: 481–486, 2007.

后　记

中国科技的面子与里子

量子通信是中国科技的一张名片，是中国屈指可数的已经打通科学研究和应用技术产业化的领域，横跨"产学研"的重大成就。在量子通信学术领域有中国科学技术大学为代表，在量子通信产业领域也诞生了多家知名的创业公司。

近年来中国的科学研究硕果累累，论文数已经稳坐世界第一，论文引用次数也逐渐超越英、法、德、日，逼近美国。在应用技术上，中国也造出了多台世界领先的机器，"墨子号"量子科学实验卫星是其中的一个代表，其他还包括世界最大的射电望远镜"天眼"、"悟空号"暗物质探测卫星、"蛟龙号"深海载人潜水器，以及将要建成的"中国空间站"等。中国的高铁也已经成了世界铁路的标杆，中国的智能手机总产量也已经稳居世界第一。总之，中国的科技在"面子"上已经获得了举世瞩目的成就。

但是这些成就却依然逃脱不了很多核心器件的无法自主掌握，必须依赖从发达国家进口的现状，也就是说中国科技在"里子"上与国外发达国家相比还有差距。

从基础科学到应用技术再到形成产业，这条链的打通需要有很多顶尖人才主动从学术圈跳到产业圈，推动技术进步和革新。中国未来的产业升级，就是要把"里子"做好，需要企业投入更多的力量在"里子"的自主研发上。国家应该通过产业发展吸引更多的高端技术人才，逐步解决核心器件受制于人的问题。

作者一直提倡一个指标，那就是理工科博士在产业界工作的比例决定了一个国家科技水平的"里子"，这个指标在美、日、德、英、法还有北欧诸国目前远远高于中国。在中国未实现产业升级之前，中国大量的理工科博士毕业的去向还主要是高校和科研院所，其中很多工科博士的训练甚至和理科博士雷同，以设计科学实验、撰写论文为主，而不是解决具体的技术难题，给产业界带来收益。

所以量子通信对中国的意义不仅仅是代表了世界领先的科学研究以及最安全的信息加密技术，更重要的是要促进高端人才从学术圈向产业圈的流动，成为中国产业升级的一个范例。

张文卓

2020 年 3 月于北京